JN412230

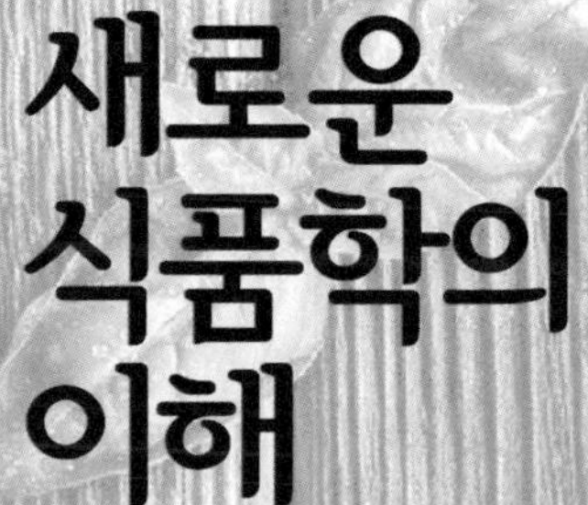

새로운 식품학의 이해

Understanding of Food Science

김나영 | 안성규
이시은 | 이준열

지식인

Understanding of Food Science

새로운 식품학의 이해

2021년 8월 10일 초판 인쇄
2021년 8월 15일 초판 발행

지은이 | 김나영 · 안성규 · 이시은 · 이준열
펴낸이 | 김종욱 · 명사동
펴낸곳 | 지식인
등 록 | 제301-2013-134호
주 소 | 서울시 도봉구 도봉로 180길 20 투웨니퍼스트 102동 602호
전 화 | 02) 2266-8606(대)
팩 스 | 02) 2266-8607
E-mail | jisikin2013@naver.com
홈페이지 | www.jisikinbook.co.kr

ISBN 979-11-90815-81-9 (93590)

값 19,000원

Understanding of Food Science

새로운 식품학의 이해

책을 내면서

생명 연장을 위한 식생활 중 가장 기초적이라 할 수 있는 식생활은, 최근 눈부신 경제성장과 소득수준의 향상으로 급속한 변화와 발전을 거듭하고 있다. 건강한 삶을 영위하고자 하는 욕망은 인간이 추구하는 최고의 가치 중 하나이다. 현대사회는 식품공학의 발달로, 양적으로는 먹거리를 대량 생산하여 풍요롭게 만들고 있으나, 인위적인 식품은 장기적으로 섭취했을 때 인체에 독을 축적하는, 즉 성인병의 원인이 되기도 한다.

이와 같이 식품의 선택은 우리네 삶에 지대한 영향을 미치므로 '식품학'의 중요성 또한 간과할 수 없다.

이 책은 식품(1장), 식품학의 특성 및 분류(2장), 수분(3장), 탄수화물(4장), 단백질(5장), 지질(6장), 비타민(7장), 무기질(8장), 색(9장), 냄새(10장), 맛(11장), 물성(12장), 효소(13장) 등으로 다루어져 있으며, 사람이 섭취하는 모든 식품의 성분과 식품 고유의 성질을 다룸으로써 유해한 식품을 배제하고, 유익한 식품을 올바르게 선택할 수 있도록 체계적으로 정리하고자 하였다. 또한 각 장의 마무리에는 이 단원의 내용을 정리하고 학습할 수 있도록 연습문제를 넣어 최종적으로 다시 한 번 반복할 수 있도록 하였다.

여러 모로 부족한 점이 많으나 미비한 부분은 계속 수정 · 보완해 나갈 것을 약속드리며, 이 책이 독자 여러분께 유용한 정보를 제공하는 더 좋은 교재로 거듭나도록 노력하겠다.

끝으로, 이 책이 나오기까지 격려하고 도와주신 지식인의 모든 직원 분들께 감사드립니다.

저자 일동

CONTENTS

식품의
특수성분

3 PART

Understanding of Food Science

새로운 식품학의 이해

Understanding of

FOOD SCIENCE

PART 1

식품과 식품학

Understanding of Food Science

새로운 식품학의 이해

식품

01. 식품의 역사

식품학의 기원은 인류가 생존을 위해 어떤 형태 내의 물질을 섭취하기 위해 원시적인 식품을 구하기 시작한 때부터이며, 원시적인 농경 · 수렵, 조리, 저장 등이 이론적으로 식품학을 배경으로 하고 있다. 그 당시 재료는 동 · 식물로부터 공급되므로 생육환경에 따라 농업 · 어업 · 원예 · 축산재료 등이 주종이었고, 이것들을 재배 · 수확 또는 도살하여 먹을 수 있는 식품으로 만들기 위해 다양한 방법을 개발 · 시도한 것으로 짐작된다. 이러한 원시적인 가공은 새로운 기술로 발전되어 차츰 위생적 · 영양학적 · 관능적으로 우수한 제품을 생산하게 되었다.

17세기 초기에는 집에서 소규모의 가공 · 조리로 시작하였으나 제1차 · 제2차 세계대전을 통해 식품학에 관련한 가공기술이 급속히 발전함에 따라 조리하지 않고 간단하게 먹을 수 있는 군인들의 급식용 식품이 전쟁식으로 개발되었다. 또한 간단하고 쉽게 휴대할 수 있으며 먹은 뒤에 쉽게 포장을 폐기할 수 있는, 영양가 있는 파우치를 만듦에 따라 식품학의 발달이 가속화되었다.

19세기 후반에 와서는 본격적으로 식품학에 대한 이론이 과학적으로 해석 · 응용되었고, 최근에는 우수한 식품학 기술을 뒷받침하는 이론과 학설이 정착되게 되었다. 현재는 저수분함량의 간단한 포장식품, 식품재료의 합성 또는 유전적인 방법에 의한 다양한 재료의 개발, 전통식품의 대량 가공화, 비행사 · 산악인을 위한 천연물질을 이용한 기능성 식품을 개발하고 있다. 또한 군인 · 원양선원 등 특수 분야에 종사하는 사람들을 위한 식품과 노약자 · 청소년 · 유아 · 환자 · 운동선수들을 위한 특수 목적 식품개발 연구가 진행되고 있다.

02. 식품이란

인간은 항상 건강하고 즐거운 생활을 영위하려 한다. 그러기 위한 기본이 의 · 식 · 주이며, 이 중에서도 우리에게 가장 중요하고 생명유지에 꼭 필요한 것은 식생활이라 할 수 있다. 인간은 식생활을 통해 외부로부터 필요한 물질을 섭취함으로써 우리들의 체조직 구성 및 기능조절 등을 위한 여러 가지 영양소를 얻을 수 있다.

식품이란 화학적인 물질로 구성되어 있고, 영양소를 한 종류 또는 그 이상 포함하고 있으며, 유해물질을 함유하지 않는 천연물 및 가공품으로서 인간이 섭취할 수 있는 것이어야 하고, 섭취된 후 체내의 물질 대사에 의해 상장과 함께 생명의 유지 및 에너지의 획득으로 활기찬 삶을 유지할 수 있게 하므로 식품은 에너지 대사에 필요한 물질을 함유해야 한다. 즉 조리의 목적은 영양에 있되, 영양을 섭취하게 하는 동기는 기호성에 있다고 볼 수 있다.

식품의 기능을 다음과 같이 정리할 수 있다.

- 건강유지를 위한 영양소의 공급원 : 신체의 작용을 원활하게 하고 계속적으로 건강을 유지시키기 위해서는 많은 영양소가 필요하며, 이 영양소는 식품을 통해 얻어진다. 그러므로 우리는 여러 종류의 식품을 골고루 먹음으로써 필요로 하는 영양소를 모두 섭취해야 한다.
- 사회성 향상 : 식사는 우리의 사회생활에 있어서 사교의 의미를 가지기도 한다. 가족들과 식사를 함께하면서 대화를 나누는 가운데 가족의 단합과 생활의 지혜를 찾을 수 있고, 사람들을 만날 때 음식을 함께 먹음으로써 그 만남이 더 부드러워질 수 있다. 더 나아가서는 공공회의나 국가 간의 화합에서도 식사를 함께 함으로써 회의 내용이 보다 충실히 논의되고, 좋은 회의 분위기를 만들 수도 있다.
- 정서안정에 도움을 줌 : 구미에 맞는 적당한 양의 음식을 먹음으로써 느끼는 포만감은 정서적 안정감을 가져와 일의 능률을 올려 준다.
- 문화의 특성을 나타냄 : 식품은 그 지방 특유의 음식 종류, 식사 형식, 예절, 조리법, 전통적 행사 · 계절 등을 상징함으로써 특정한 사회문화와 전통을 형성하는 데 큰 역할을 한다.

Practice 연습문제

01 식품의 정의에 대해 알아봅시다.

02 식품의 4가지 기능이 무엇인지 알아봅시다.

03 식품의 구성 성분에 대해 알아봅시다.

chapter

2

식품학의 특성 및 분류

01. 식품학이란

식품학은 재료를 처리하여 제품을 만드는 일련의 과정과 과정 중의 변화, 재료 및 제품의 영양성, 관능성, 이화학 · 생물학적 성질, 저장성, 상품성 등에 관한 모든 내용을 기초적인 측면에서 종합적으로 연구하는 학문이다. 그러므로 재료 자체, 재료의 처리 공정, 공정 중의 이화학적 변화, 영양적 변화, 물성적 변화, 생화학적 변화 등을 비롯하여 가공식품의 종류 및 특성, 조리 · 영양 정보, 상표부착 행위, 수송, 저장, 유통, 위생에 관한 모든 것이 식품학에서 다루어지고 있다.

식품학에서 다루어지는 주요 내용은 일반성분과 특수성분이다. 첫째, 일반성분이란, 탄수화물 · 지방 · 단백질 · 무기질 · 비타민이다. 물과 공기도 중요하지만 영양소로는 포함시키지 않고 물에 대해서만 식품에서 차지하는 비중이 높고 물성에 많은 영향을 미친다. 둘째, 특수성분이란, 맛 · 색깔 · 향기 · 효소 등으로 나눈다.

참고로 영양학은 우리가 식품을 섭취하여 배설할 때까지를 다루는 과학이다. 그리고 이 두 학문은 생물체를 다루는 것이기 때문에 생화학을 공통 기초학문으로 요구하고 있다.

02. 식품의 성분

식품의 성분은 수분과 고형물로 크게 나눌 수 있으며, 고형물은 다시 유기질과 무기질로 구분한다. 식품의 화학적 조성은 주로 수분 · 단백질 · 지방 · 탄수화물 · 무기질을 함유하고 있는 일반성분, 비타민과 식품의 색 · 냄새 · 맛 · 효소 · 독성 성분 등을 내용으로 하는 특수성분으로 크게 분류할 수 있다. 식품분석표에서는 각 식품에 대한 수분 · 단백질 · 지방 · 섬유 · 당질 · 회분의 일반성분의 함량과 특수성분인 비타민의 함량을 수치로 나타내어 영양학적 자료로 삼고 있다.

우리 몸은 외부에서 음식물을 섭취하여 이것을 소화 · 흡수시킨 후 체내에서 생활에 필요한 형태로 변화시켜 생명을 유지시키고 신체를 건강하게 만든다. 이러한 몸 성분의 분해, 소모 및 보충의 생리작용을 총칭하여 영양이라고 한다.

또 영양을 유지하기 위해 외부로부터 섭취해야 하는 물질은 약 40여 종이며 이를 영양소라고 한다. 영양소는 크게 탄수화물, 지질, 단백질, 무기질, 비타민 5가지로 나누는데, 이를 5대 영양소라고 한다.

현대에는 물의 중요성이 강조되어 6대 영양소로 분류하기도 한다. 한편 사람이 생존하기 위해서는 체온의 유지, 혈액의 순환, 호흡, 물질의 운반 등을 위해 에너지가 필요하다. 인간은 식물이 태양에너지를 광합성하여 얻은 에너지를 간접적으로 이용한다. 또 사람이 성장하기 위해서는 세포 성분의 합성 · 증식을 위해 그 구성성분을 섭취해야 하는데, 성장이 끝난 성인의 경우에도 신체 구성성분은 항상 바뀌므로 성인 또한 이를 섭취해야 한다.

영양소는 그 작용기능에 따라 다음과 같이 나눈다.

- 열량소 : 인체 내에서 산화연소하여 에너지를 공급하는 영양소를 말하며, 탄수화물, 지질 및 단백질이 해당된다.
- 구성소 : 체내에서 분해 · 소모되는 구성성분을 보충하여 생체조직을 구성하는 영양소를 말하며, 탄수화물, 지질, 단백질 및 무기질이 여기에 해당한다.
- 조절소 : 생활기능을 조절하는 영양소이며, 무기질과 비타민이 이에 해당된다.

03. 식품의 분류

사람이 일상 섭취하고 있는 식품은 약 300여 종이 되며, 기근 · 재해 등으로 인하여 식용이 되는 구황식품을 포함하면 2,000여 종 이상이 된다. 이와 같이 식품에는 다수의 종류가 있으므로 여러 가지 관점에 따라 분류할 수 있다.

- 생산방식에 의한 분류
  - 농산식품, 수산식품, 축산식품, 임산식품, 양조식품, 가공식품
- 자원에 의한 분류
  - 식물성 식품, 동물성 식품

- 소비성에 의한 분류
  - 신선식품, 저장식품, 냉동식품, 통조림식품, 강화식품, 조미료, 향신료, 건강자연식품, 기호식품, 가공식품, 구황식품, 인스턴트식품, 레토르트식품
- 식품 성분에 의한 분류
  - 탄수화물 식품 : 곡류, 서류, 설탕, 엿류
  - 유지 식품 : 식물성 유지, 동물성 유지, 버터, 마가린
  - 단백질 식품 : 육류, 난류, 우유, 어패류, 대두, 땅콩
  - 비타민 식품 : 녹황색 채소류, 과실류, 간, 어패류
  - 무기질 식품 : 뼈째 먹는 생선류, 해조류, 식염, 우유
- 공급원에 따른 분류
  - 식물성 식품(곡류, 서류, 두류, 채소류, 과일류, 해조류, 버섯류)
  - 동물성 식품(식육류, 유(乳)류, 어패류, 난류)
  - 광물성 식품(소금)
- 생산양식에 따른 분류
  - 농산식품(곡류, 두류, 서류, 과일류, 채소류 등)
  - 축산식품(식육류, 가금류, 유류, 난류 등)
  - 수산식품(어류, 갑각류, 조개류, 해조류 등)
  - 발효식품(주류, 장류, 김치류 등)
- 영양성에 따른 분류
  - 열량 식품(곡류, 서류, 전분류, 설탕류, 유지류, 견과류 등으로 인체의 대사과정 중 에너지를 만드는 영양소)
  - 단백질 식품(두류, 어패류, 수조육류, 유류, 난류 등으로 주로 단백질의 함량이 높은 식품)
  - 비타민과 무기질 식품(채소류, 과일류, 해조류 등)
  - 기호식품(차류, 커피류, 주류, 과자류, 향료, 조미료 등)
- 소비성에 따른 분류
  - 영양 강화식품(식품에 부족한 영양을 보충한 식품)
  - 인스턴트식품(즉석조리를 통해 섭취 가능한 식품)

- 구황식품(주식의 대용식품)
- 질병치료 및 예방식품(식이 조절용으로 만든 식품)
- 진공동결식품

1) 농 · 축 · 수산식품

우리의 식생활에서 가장 중요한 농산식품은 생명의 기본이 되며, 삶에 중요한 양식이다.

농산식품을 분류하면 곡류 · 서류 · 두류 · 종실류, 야채류 · 과실류 · 버섯류 · 향신료 등이 있다.

축산식품에는 식육류 · 우유류 · 난류 등이 있으며, 단백질과 지질이 풍부하고 필수아미노산을 골고루 함유하고 있어 영양상 훌륭한 식품으로 우리 식생활에 중요한 역할을 하고 있다. 따라서 단백질의 공급원으로써 고기 100g에 20g 내외의 많은 단백질이 들어 있으며, 필수아미노산이 풍부하게 들어 있어 고기는 양적으로나 질적으로 우수한 단백질 식품이 된다.

수산식품은 동물성 단백질의 식품 공급원으로써 비타민과 무기질이 풍부하고 독특한 맛과 향기를 가지고 있는 어패류와 해조류가 있다.

2) 가공식품

농산물 · 축산물 · 수산물 등의 천연식품 재료를 변질되지 않고 영양소가 보존되는 상태로 오랫동안 저장할 수 있게 가공 · 처리한 것, 즉 천연식품 재료의 먹을 수 없거나 해로운 성분을 미리 제거하고, 저장하는 동안 그 속의 효소나 성분들로 인하여 품질이 떨어지지 않도록 만드는 것이다.

(1) 가공과정

- 원료식품을 직접 가공 처리한 1차 가공식품(백미 · 정맥 · 밀가루 · 원당 · 된장 · 간장 · 분유 · 버터 · 치즈 · 술 등)

- 1차 가공식품을 한 가지 이상 사용하여 가공한 2차 가공식품(빵 · 백설탕 · 국수 · 마가린 · 마요네즈 · 쇼트닝 등)
- 둘 이상의 1차 또는 2차 가공식품을 함께 이용하여 가공한 3차 가공식품(조리 또는 반 조리식품 · 케이크 · 과자 · 오렌지주스 등)

(2) 가공기술

- 미생물의 번식을 억제하기 위해 수분을 제거한 건조식품(라면 · 북어 등)
- 고장액에 의한 생리적 건조를 이용하기 위해 소금에 절인 염장식품(새우젓 · 오이지 · 자반연어 등)
- 수지가 적은 나무를 태워 살균 · 방부작용을 하는 연기 성분을 소금에 절인 식품 겉면에 부착시켜 말린 훈연식품(훈제연어 등)
- 발효 생성물이 방부와 식욕(섭취) 증진 등에 이용되는 발효식품(김치 · 술 · 치즈 · 요구르트 · 된장 등)
- 얼려서 -18℃ 이하의 온도에 저장하는 냉동식품(어떤 식품이나 가능)
- 진공 속에서 얼려 얼음을 승화시킨 냉동건조식품(어떤 식품이나 가능)
- 통조림 · 병조림 및 진공 상태인 플라스틱 필름의 주머니 안에 저장하는 진공포장식품(어떤 식품이나 가능)

3) 발효식품

일반적으로 미생물의 발효작용 또는 미생물이 생산하는 효소의 촉매작용을 이용하여 식품재료를 변화시켜서 제조하는 식품이다. 이것의 제조에는 세균 · 곰팡이 · 효모 등의 미생물이 이용되는데, 이것들을 2가지 이상 조합시켜 함께 이용하는 경우도 있다. 특히 발효과정에 의해서만 제조하는 발효식품을 양조식품이라 한다. 효모를 이용하여 만드는 알코올 발효식품으로는 맥주 · 포도주 · 사과주 등 알코올류와 빵 등이 있다. 또한 효모의 발효로 얻은 알코올을 증류하여 만드는 증류주도 알코올 발효식품의 일종이다. 곰팡이를 이용하는 것으로는 메주 · 누룩 등이 있으며, 곰팡이의 당화작용과 효모의 알코올 발효를 차례로 이용하는 것으로는 막걸리 · 청주 · 소주 등의 있다. 세균을 이용하는 것으로는 김치 · 요구르트 · 치즈 · 식초 등이 있다. 곰팡이 · 효모 · 세균을 조합하여 이용하는 것으로는 된장 · 간장 · 고추장 등이 있다.

발효식품은 원래의 재료에는 없는 영양분이나 맛이 더해지기 때문에 품질적으로 뛰어날 뿐만 아니라, 영양분도 풍부한 것이 많다. 그러나 발효조건을 조절하기가 어렵고, 만드는 데 많은 경험과 요령이 필요하다. 또 목적에 맞지 않는 미생물이 섞여 들어가게 되어서 부패 등의 변질 현상이 일어나기 쉽다. 그러므로 발효식품을 공업적으로 제조하려면 높은 전문지식과 자동제어장치 등이 필요하다.

4) 기능성 제품

기능성 식품이란 생명체(식물 · 동물 · 미생물)와 효소 등에 인체의 생리기능을 향상시키는 기능성 물질의 함량이나 그 기능을 높이고 개량한 것을 원료로 이용하여 제조한 식품으로서, 식품섭취를 통하여 인간의 건강 상태를 지속 혹은 개선하고 만성질환의 발생을 억제할 수 있는 기능을 향상시킨 특정한 식품군을 말한다. 이와 비슷한 개념으로 구상식품이란 말이 사용되었고, 그 후에 영양 약리제, 의료식품으로도 알려져 있다. 다시 말하면 기능성 식품은 3차 기능에 초점을 맞추어 그 기능을 강화시킨 식품을 말하며, 건강보조식품 · 특수영양식품 등을 포괄하는 개념이다.

5) 강화식품

식품의 맛과 색은 바꾸지 않고 비타민 · 무기질 · 아미노산 등을 첨가하여 영양을 강화시킨 식품이다. 정확히 말하면 영양 강화식품이라고 한다. 1936년 미국에서 어린이가 걸리기 쉬운 병을 방지하기 위해서 우유에 비타민 D를 첨가한 것이 식품 · 영양 강화의 시작으로, 1945년에는 영국에서 밀가루에 비타민 B_1을 첨가하기 시작하였다. 강화하는 영양 성분으로는 비타민류에 비타민 A · B_1 · B_2 · C 등이, 무기질에는 칼슘 · 철 · 요오드 등이 있고, 아미노산에는 리신이 있다. 식품의 종류로는 쌀 · 밀가루 등의 곡류, 빵 · 과자와 같은 밀가루 가공식품, 된장 · 간장 등의 양조식품, 과실 · 야채 가공품, 식용유지 및 유제품 등이 주요 대상이다.

강화식품의 종류에는 다음과 같은 것이 있다.

- 강화미 : 비타민 $B_1 \cdot B_2$ 등을 중심으로 주로 백미에 부족한 비타민류를 첨가한 것이다. 쌀을 씻을 때 강화비타민이 용해되지 않게 물에 불용성인 비타민을 사용하기도 하고, 쌀의 표면에 얇은 막을 코팅하기도 한다.
- 강화정맥 : 보리를 정백해서 납작보리 또는 쌀알 모양으로 만들어 비타민 B1 등을 첨가한 것이다. 납작보리는 원래 색깔이 검기 때문에 이것을 제거하기 위해 표백하거나 세로로 잘라서 검은 띠 모양의 부분을 없앤 후 가공한다. 이러한 방법으로 가공을 하면 비타민 B1 등이 많이 손실되기 때문에 이것을 보충할 목적으로 비타민류를 강화시킨다. 강화미처럼 물에 녹지 않는 비타민을 사용하여 용해를 억제하는 가공방법이다.
- 강화밀가루 : 밀가루에 강화를 하는 것은 조작이 매우 간단하다. 비타민 B_1은 삶거나 물에 씻으면 많이 손실되므로 이 손실을 방지하기 위해 난용성 비타민 B_1 화합물을 사용하거나 보리의 제한 아미노산인 리신을 강화한 밀가루를 쓴다.
- 된장 : 단순한 강화만이 아니라 품질 향상도 포함하고 있다. 비타민 B_2는 된장의 빛깔을 증가시키고, 또 칼슘은 누룩의 프로테아제를 강하게 한다.
- 마가린 : 비타민 A의 강화를 주로 시도하고 있다.
- 주스류 : 비타민 C를 강화하고 있다. 영양의 강화만이 아닌 천연과일과 같은 맛의 향상과 보전성 향상에도 힘쓰고 있다.

6) 유전자조작식품

유전자조작식품(GMO)은 유전자 재조합기술로 특정 유전물질을 변형시킨 생물체에서 생산한 농산물을 말한다. 인간의 필요에 따라 인위적으로 돌연변이를 만들어내는 것이다. 유전자조작 기술은 같은 종끼리 결합시켜 품종을 개량하는 육종법보다 한 차원 높은 것으로, 자연 상태에서는 교배가 불가능한 다른 종끼리의 유전자 교환도 가능하다는 점이 특징이다. 최초의 유전자조작 작물은 1983년 미국 몬산토사가 개발한 '항생제에 내성이 있는 담배', 첫 상업적 GMO 작물은 1994년 미국 칼젠사가 만든 '무르지 않는 토마토'이다. 이 토마토는 1994년 미 FDA의 판매승인을 얻어 시장에서도 선풍적인 인기를 끌었다. 이후 생산성이 높거나 제초제나 질병에 대한 저항성이 강한 GMO 작물이 속속 등장해 현재 전 세계에서 15개 작물, 68개 품종이 생산되고 있다. 신품종 개발이 진행 중인 것도 수천 가지에 이른다. 옥수수 · 콩 · 쌀 등이 대표적인 GMO 작물이며, GMO 작물의 77% 가량은 제초제에 더 잘 견디도록 유전자를 조작했고, 15%는 해충을 막는 물질을 스스로 만들어내도록 변형시켰다.

GMO 작물의 최대 생산국은 미국이며, 아르헨티나 · 캐나다 · 중국 등도 대량 생산국에 포함된다. 특히 중국은 식량문제 해결을 위해 최근 GMO 작물의 개발에 매진하고 있다. 인체유해성 논란이 계속되는 와중에도 GMO 작물의 재배면적은 해마다 급증하고 있다. 우리나라에도 이미 상당한 정도의 GMO 작물이 들어와 현재 수입농산물의 약 10% 정도, 콩과 옥수수의 경우는 30% 가량이 GMO 작물로 추정된다. 식품의약품안전처는 2001년 7월부터 '유전자재조합식품 표시제'를 시행해 콩 · 된장 · 고추장 · 옥수수가루 등 27개 품목을 대상으로 제품 용기나 포장에 유전자조작식품임을 밝히도록 하고 있다.

04. 식품구성자전거

그림 2•1

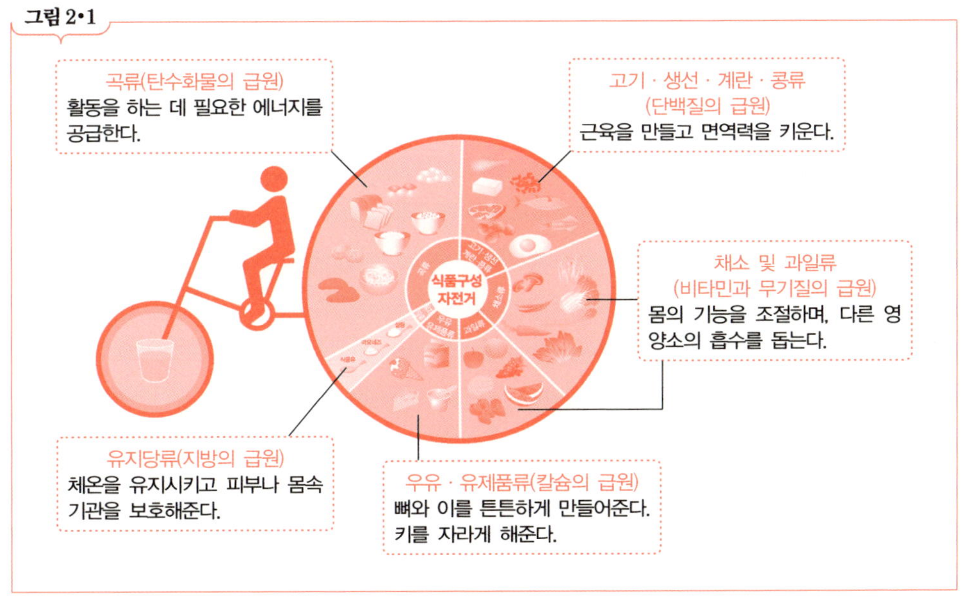

식품구성자전거

05. 식품의 선택

건강한 일상생활을 영위하기 위해서는 항상 양질의 식품을 섭취해야 하는데, 이를 위해 고려해야 할 점은 다음과 같다.

- 영양성 : 식품을 먹는 중요한 목적은 신체의 성장유지 및 조직의 대사 등에 필요한 성분이나 에너지원을 보충하는 일이기 때문에 우선 영양가가 높아야 한다. 즉 5대 영양소가 조화되고, 소화 및 흡수도 좋아야 한다.
- 안전성 : 식품은 생명을 지키고 건강을 유지하기 위한 것이기 때문에 안심하고 먹을 수 있어야 한다. 식품첨가물의 안전성, 저장 중의 성분 변화에 의한 유해성, 미생물에 의한 독소의 생성, 식품재료 속의 독소 등이 모두 고려되어야 한다.
- 기호성 : 식품은 먹으면 식욕을 만족시켜 쾌감을 주는 것이므로, 식품에 영양소가 충분히 함유되어 있고 안전할지라도 외관 · 향 · 맛 등의 기호성이 나쁘면 식욕이 감퇴된다. 즉 이들 기호 성분들은 식욕을 증진시켜 만복감을 부여하고 소화액의 분비를 촉진시켜 영양소의 흡수율을 높일 수 있다.
- 경제성 : 식품의 값은 생산량 · 수급관계 · 자급률 · 외관 · 풍미 · 희귀도 등에 의해 좌우되는데, 맛있고 영양가가 높고 위생적인 식품을 값싸게 먹는 것이 최상의 목표이다.

Practice 연습문제

01 식품의 성분을 구분해봅시다.

02 영양소를 작용 기능에 따라 분류해봅시다.

03 강화식품 종류에 대해 알아봅시다.

04 식품구성자전거에 대해 알아봅시다.

05 식품을 선택할 때 고려할 점에 대해 알아봅시다.

Understanding of Food Science

새로운 식품학의 이해

Understanding of

FOOD SCIENCE

PART 2

식품의 구성성분

Understanding of Food Science

새로운 식품학의 이해

수분

01. 수분이란

물은 생물체의 각 조직에 존재하여 영양소와 노폐물을 운반하고, 열의 전도체로 체온조절을 하며, 반응물, 반응매체, 생체고분자의 형태유지나 안정제로써 중요한 기능을 하고 있다. 그리고 물은 자연계 식품의 중요한 성분으로 식품 내의 수분은 식품의 성질과 외관상의 품위 및 풍미 등에 크게 영향을 주는 요인이 된다. 또한 물은 식품 중 수분의 양과 분포 및 결정 상태에 따라 식품의 조리 · 가공 · 저장 중 식품의 물리화학적 변화와 미생물학적 변화를 받는 데 영향을 주므로 식품 속의 물의 특성과 형태를 이해하는 것은 식품과학에 있어서 매우 중요하다.

물은 생체계에 있어서 가장 풍부하게 존재하는 물질로서 대부분의 생명체에서는 그 중량의 60% 이상을 물이 차지하고 있다. 이러한 물은 식품에 있어서 다음과 같이 중요한 의의를 갖고 있다.

- 식품 중의 수분은 화학반응의 매개체로서 화학적 의의를 가지고 있다. 즉 식품 중의 수분은 식품 속에 함유되어 있거나 외부로부터 유입되는 각종 화학적 성분들의 용매와 운반체로 작용함으로써 화학적 변화를 촉진시킨다. 또한 수분은 어떤 성분의 가수분해반응에서와 같이 직접반응 성분으로서 화학적 변화를 일으킬 수도 있다.
- 많은 식품은 수분함량에 따라 그 식품의 품질이 결정되는 물리적 의의를 가지고 있다. 즉 식품의 수분함량 변화는 식품의 조직에 큰 변화를 가져온다. 예를 들면, 어떤 자연식품을 탈수하거나 건조시키게 되면 그 식품의 조직 · 밀도와 물리적인 구조의 변화를 일으킬 뿐만 아니라 맛에도 영향을 줌으로써 그 식품의 품질이 떨어지게 된다.
- 식품 중의 수분함량은 부패를 일으키거나 독성 물질을 생성하는 미생물의 성장과 직접 관련이 있기 때문에 미생물의 성장에 영향을 주는 미생물학적 의의를 가지고 있다.
- 식품 중의 수분은 경제적 의의를 가지고 있다. 즉 생산된 식품을 저장하거나 수

송하는 데 있어서 식품의 수분함량은 그 식품의 전체적인 경제성에 영향을 미친다. 또한 곡류와 그 제품 · 육류 · 어류 등 각종 식품은 그 자체의 중량으로 판매되기 때문에 일차적인 금전적 가치, 즉 경제적 가치에 직접적으로 영향을 준다.

- 식품 중의 수분은 영양학적 의의로서도 매우 중요하다. 모든 생명체의 성장과 유지에 있어서 물은 필수적인 것이다. 또한 수분은 식품 중 영양 성분의 소화 · 흡수 · 대사 등에 영향을 주고, 또한 영양소와 배설물의 운반 매개체가 된다.

02. 물분자 구조

수분(水分)과 공기(空氣)는 영양소(營養素)에는 포함시키지 않지만 모든 생명체의 생명을 유지하기 위한 필수적인 인자(因子)이다. 수분은 식품 내 수용성 영양소 및 색소 성분을 녹이는 용매로 작용하며, 단백질과 전분 등의 물질 입자를 분산시키는 작용도 한다. 다시 말해서, 물은 영양소와 노폐물의 운반체, 분산매, 반응매체 및 단백질의 반응성에 영향을 준다. 식품에서 물은 구조, 형태, 맛 등에 큰 영향을 미치며, 수분의 함량 또한 식품의 저장, 가공, 수송에도 중요한 역할을 한다. 미생물과 수분은 식품의 저장에 가장 큰 영향을 미친다. 수분은 모든 조직에서 기본성분일 뿐 아니라 인체조직의 구성성분 중 체중의 2/3 정도를 차지하며 체내 수분의 15%를 상실하면 생명이 위험하다. 한편 신선한 과일과 채소 등은 수분함량이 높기 때문에 아삭아삭한 질감을 가지며, 육류나 수산물도 수분이 다량 존재하기 때문에 탄성이 유지된다. 이렇게 바람직한 경우도 있지만 때로는 수분이 식품과 화학적인 변화나 미생물적인 부패를 야기하여 식품을 변질시키는 바람직하지 못한 작용을 하기도 한다.

물은 수소(H)원자 2개와 산소(O)원자 1개가 공유결합을 하고 있으며, 산소원자를 중심으로 2개의 수소원자가 104.5°의 각도를 이루고 있다. 1개의 물분자(H_2O)의 산소(O)원자가 인접한 물분자의 수소(H)원자를 전기적으로 끌어당기고 있는데, 이것을 수소결합이라고 한다.

식품에서는 -OH기를 갖는 당질과 -NH기를 갖는 단백질 등의 성분이 물분자의 H원자와 수소결합을 하고 있다.

03. 물의 성질 및 역할

1) 물의 성질

물분자 중 2개의 수소원자는 각각 산소와 전자쌍을 공유하는 공유결합을 하고 있고, 2개의 비공유전자쌍을 갖고 있다. 또한 물분자는 2개의 산소 비공유전자쌍과 전기음성도가 수소보다 크기 때문에 산소원자는 부분적으로 음전하로, 수소원자는 부분적으로 양전하로 편재되어 있는 전기적 쌍극자이다. 이와 같이 두 분자의 물은 한쪽 분자의 산소원자 부분적 음전하와 다른 분자 수소원자의 부분적 양전하 사이에 전기적 인력에 의해 서로 끌어당기고 있다. 이러한 결합을 수소결합이라 한다.

물은 극성이 매우 크기 때문에 많은 극성 물질을 용해하거나 직접 녹지 않는 물질은 분산시켜 콜로이드 용액을 형성하게 한다. 따라서 물은 인체 내의 영양소나 노폐물을 운반하고 소화·흡수·대사 등과 같은 생체 내 반응의 매개체가 될 수 있다.

(1) 끓는 점과 녹는 점이 높다

액체의 물은 분극된 물분자가 서로 가까이 있기 때문에 물분자끼리 수소결합을 하고 있어서 그 분자운동이 저해되고 있다. 따라서 물을 끓이거나 얼음을 융해시키려면 많은 열을 필요로 하게 된다. 물이 끓는 온도를 비점이라 하는데, 비점은 기압과 깊은 관계가 있다. 1기압에서는 100℃에서 끓지만, 기압이 높으면 높은 온도에서 끓고 기압이 낮으면 낮은 온도에서 끓는다. 이 원리를 이용한 예가 압력냄비인데, 압력냄비에서는 가열온도가 높아져 조리시간이 단축된다. 또 용질이 녹아 있을 경우 비점이 상승하는데, 설탕 같은 분자 상태의 물질은 1mol당 0.52℃ 상승하고 소금처럼 이온화되는 물질은 1mol당 1.04℃ 상승한다.

(2) 4℃에서 비중이 제일 크다

물의 비중은 4℃일 때가 가장 크다. 따라서 해수나 호수는 표면에서부터 얼기 시작한다. 그러므로 수중생물들은 환경의 급변화를 피할 수 있고, 무난히 생존할 수 있다.

(3) 비열이 크다

비열이란 어떤 물질 1g을 1℃로 올리는 데 필요한 열량을 말하는데, 물의 비열은 다른 어떠한 용매보다 크다. 물이 다른 물질에 비해 비열이 높은 것도 수소결합에 의한 것이다. 물의 비열이 높다는 것은 물이 웬만한 변화에도 액체로 존재한다는 것을 말한다. 비열은 열용량과 열전도율에 관련이 있으므로 조리 시 온도변화에 영향을 주어 조리시간을 좌우한다. 식품의 경우 비열은 수분함량이 많을수록 크다.

(4) 표면장력이 크다

수분에서 표면장력이란 물분자끼리 서로 잡아당기는 힘을 말하는데, 수소결합에 의해 이루어진다. 삼투압현상이 대표적인 물의 응집력을 보여준다. 표면장력의 특징은 최소의 표면적으로, 최대의 부피를 만들려고 하는 성질이 있다. 이때의 완전한 모양이 구모양이다. 표면장력은 액체 중에서 가장 크다. 표면에 있는 물분자가 내부에 있는 물분자에 끌리기 때문에 표면장력이 크게 된다. 따라서 물은 모세관현상에 의한 상승효과도 크며, 세포와 세포의 간격 사이에 침입하여 물질의 운반과 제거에 관여할 수 있고, 식물이 높은 곳에서도 물을 흡수할 수 있는 것이다.

(5) 점성이 크다

물분자는 상호인력이 있기 때문에 점성이 크다. 따라서 수중생물은 가까운 곳에서 약간의 물리적인 현상이 일어나도 쉽게 동요되지 않는다.

(6) 용매

설탕이나 소금 같은 물질이 물에 잘 녹는다는 뜻은 뭉쳐 있던 물질들이 잘게 나누어져 개개의 분자 혹은 입자들이 물분자에 의해 둘러싸이는 것을 의미한다. 물은 거의 모든 물질을 녹일 수 있는 강력한 성질을 가지고 있다. 이러한 용매의 성질은 물의 극성결합 성질에 의한 것이다. 녹는 물질을 용매, 녹이는 물질을 용질이라고 한다. 물에 잘 녹는 특성을 친수성이라고 하는데, 광물이온이나 요소 같은 극성 물질이 이에 속한다. 예를 들면, 소금의 경우 물에 녹아 각각 Na^+와 Cl^-가 되며 이들은 물에 둘러싸이게 된다. 극성 물질의 경우, 이들 분자와 물분자와 수소결합을 형성하여 물에 녹는다.

2) 물의 역할

인간은 수분을 매일 섭취함으로써 생명을 유지시키고 활동할 수 있는데, 수분은 그 자체가 식품으로서 이용될 뿐만 아니라 식품 내에서 물 · 수증기 · 얼음 등의 3가지 형태로 존재하여 여러 가지 특성을 지닌 중요한 역할을 하고 있다.

(1) 화학적 반응에서의 용매역할 또는 반응물

식품 내의 수분은 성분들 사이에서 또는 외부에서 들어오는 화학적 성분 간의 여러 가지 변화과정에서 용매로서 또는 운반체로서 작용하거나 때로는 직접반응 성분으로 화학적 변화를 일으킬 수 있다.

(2) 조직감의 변화 초래

많은 식품에서 식품을 구성하고 있는 성분 중 일부 수분이 식품으로부터 이탈되거나 흡습되는 경우 식품 조직감에 많은 변화를 가져와 원래의 조직감과 상이하게 나타난다. 실제로 자연적인 건조나 건조식품 제조 시의 탈수, 건조공정에서 식품의 조직감, 밀도, 기타 물리적인 구조의 변경, 예를 들면 수축 등을 가져와 품질의 변화를 일으키기도 한다. 바삭바삭한 과자나 김의 경우는 수분의 침입을 막기 위해 흡습제의 하나인 실리카겔을 이용하여 수분의 흡습을 차단시켜 바삭바삭한 조직감을 유지하는 반면, 떡의 경우는 수분이 식품으로부터 빠져나오면서 노화되어 전분과 수분 사이의 결합 형태가 전분과 전분 사이의 결합 형태로 바뀌어 딱딱하게 변화되어 조직감에 영향을 미치기도 한다.

(3) 미생물 성장에 중요한 수분

식품 중 수분함량은 그 식품에 부패를 일으키는 미생물이나 독성 성분을 형성하는 미생물들의 성장에 직접적인 영향을 주므로 매우 중요하다. 수분활성도에 따라 미생

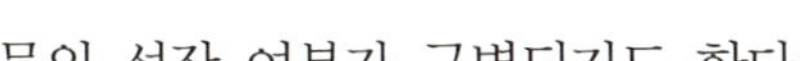

물의 성장 여부가 구별되기도 한다.

(4) 경제적 가치로서의 수분

많은 식품들의 원료 중의 하나인 곡류는 대량으로 저장되어야 하고, 또한 대량 생산지역에서 대량 소비지역으로 수송되어야 한다(농 · 어촌→도시 · 산업지역). 이런 과정에서 중량의 변화는 일차적으로 금전적 가치를 변화시키므로 수분은 그 식품의 경제성에 큰 영향을 미친다.

(5) 영양적인 역할

생명체는 물 없이 살아갈 수 없다. 수분은 우리 몸의 체온을 유지하는 데에도 매우 중요한 역할을 하기 때문에 다른 생물체와 마찬가지로 체내 수분의 양을 일정량 유지해야 하며, 또한 배설 · 증발되어 체외로 배출되는 양만큼의 수분은 식품을 통해 보충하여 항상성을 유지해야 한다. 일반 성인의 경우 하루에 2.5L의 수분이 체외로 빠져나가므로 이를 음료수나 식품을 통해 섭취하거나 각종 식품이 체내에서 대사되는 과정에서 생성되는 것으로 보충한다. 수용성 비타민이나 일부 단백질 · 아미노산 등은 수분함량에 따라 그 형태와 성질이 변화하는 것도 많으므로 수분은 영양학적으로도 매우 중요한 역할을 한다.

04. 수분의 존재 상태

식품 중에는 식품 구성성분에 단단히 결합되어 있는 결합수와 자유롭게 움직이는 자유수가 있다. 이 2가지 형태의 물은 각기 다른 성질을 갖는다. 즉, 자유수는 대기압 이하에서 100℃ 이상 가열하거나 건조시키면 쉽게 제거되고 0℃ 이하에서는 동결하는, 용매로 작용할 수 있는 일반적인 물이다. 결합수는 자유수에 비해 밀도가 높고 증기압이 낮아서 가열, 건조 등에 의해 쉽게 제거되지 않는 물이다. 결합수는 탄수화물, 단백질 등과 같은 친수성 고분자 화합물의 표면에 수소결합 하고 있어 움직임이 자유롭지 못한 물로서 -40℃ 이하의 낮은 온도에서도 얼지 않는다.

05. 수분활성

식품에 함유된 물의 존재 상태는 가수분해반응, 미생물 생육, 효소반응 등에 영향을 주기 때문에 식품의 저장 수명은 수분함량이 높고 낮음에 의한 영향을 받는 것이 아니라 수분활성의 영향을 받는다.

수분활성은 일정온도에서 식품이 나타내는 수증기압과 순수한 물의 수증기압의 비로 나타내며, 용해된 용질의 종류와 양에 따라 다른 값을 나타낸다.

식품 중에 존재하는 물에는 영양소 등이 용해되어 있어 순수한 물보다 수증기압이 낮으므로 식품의 수분활성은 1보다 작다. 과일, 채소, 생선류 등의 수분활성은 0.8~0.99이고, 곡류, 두류 등의 수분활성은 0.60~0.64이다.

06. 수분의 등온흡습 & 탈습곡선

식품은 일정온도에서 상대습도가 다른 밀폐용기에 넣어두면 식품의 수분함량이 용기 내의 상대습도와 평형을 이루게 되는데, 이때 식품은 평형수분함량에 도달한다. 일정온도에서 식품의 평형수분함량과 상대습도, 즉 수분활성과의 관계를 나타낸 것을 등온흡습곡선이라고 한다. 등온흡습곡선은 일반적으로 식품이 수분을 흡수할 때 얻어지는 곡선이다. 한편, 식품이 수분을 방출할 때 얻어지는 곡선은 등온탈습곡선이라고 한다.

등온흡습곡선은 기울기가 다른 세 영역으로 나눌 수 있으며 각 영역의 물은 각기 다른 특성을 나타낸다. I영역에서 식품 중의 수분은 식품 구성성분과 단단히 결합하여 단분자층을 형성하며 용매로 작용할 수 없다. II영역에서는 히드록시기, 아미드기와 결합하여 식품 중의 수분은 다분자층의 물을 형성하며 용매로 거의 작용할 수 없다. III영역의 물은 식품 구성성분에 약하게 결합되어 쉽게 이동할 수 있고 용매로 작용할 수 있어 화학반응을 촉진하고 미생물 생육에 이용될 수 있다. 이 영역의 물은 식품의 다공질 구조에 응축된 모세관 수로 젤에서는 갇혀서 움직임이 제한된다. 식품 중 수분의 95% 이상을 차지하는 것은 III영역의 물이다.

그림 3•1

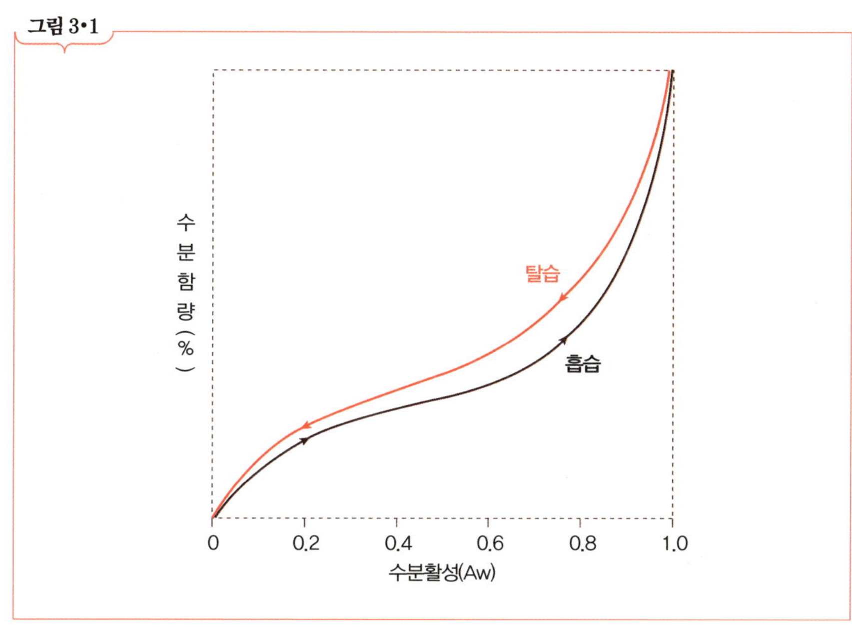

등온흡습(탈습)곡선

그림 3•2

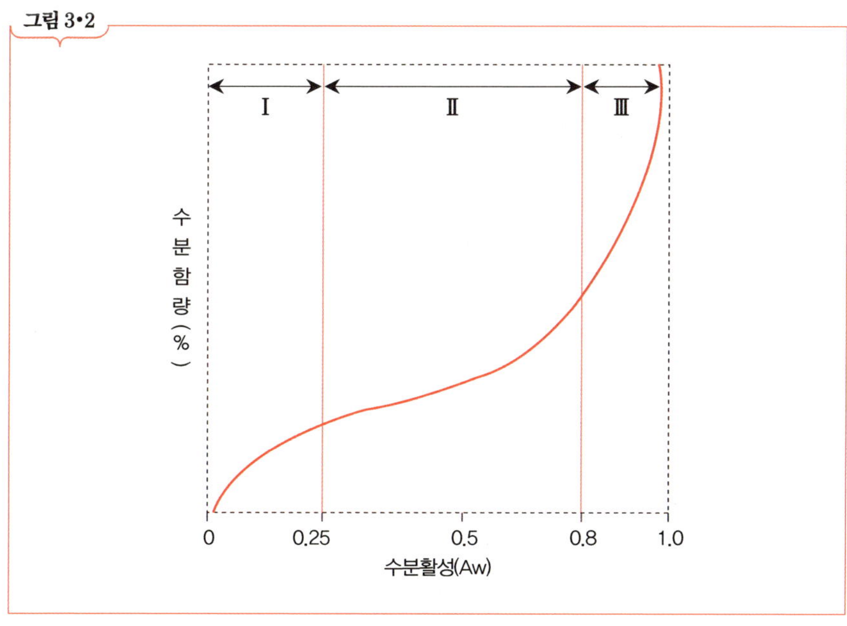

등온흡습곡선

건조식품이 대기 중의 수분을 흡수할 때 얻어지는 등온흡습곡선과 수분을 방출할 때 얻어지는 등온탈습곡선은 완전히 일치하지 않는다. 즉, 같은 수분활성에서의 수분 함량은 탈습 시가 흡습 시보다 더 높은데, 이와 같은 현상을 이력현상(히스테리시스)이라고 한다.

Practice 연습문제

01 수분의 물리적 의의에 대해 알아봅시다.

02 수분의 미생물학적 의의에 대해 알아봅시다.

03 물 분자의 구조에 대해 알아봅시다.

04 수분 관련 결합에 대해 알아봅시다.

05 물의 성질에 대해 알아봅시다.

06 물의 역할에 대해 알아봅시다.

07 수분활성이란 무엇인지 알아봅시다.

08 등온흡습(탈습)곡선을 기울기에 따라 세 영역으로 구분하여, 각 영역의 물의 성질에 대해 알아봅시다.

09 식품의 수분활성이 유지의 산화에 미치는 영향에 대해 알아봅시다.

10 이력현상(히스테리시스)에 대해 알아봅시다.

chapter 4

탄수화물

01. 탄수화물이란

탄수화물은 자연계에 가장 많이 존재하는 유기물질 중 하나이며, 탄소 · 수소 · 산소가 1 : 2 : 1의 비율로 이루어진 영양소이다. 탄수화물의 기본물질인 포도당은 광합성작용에 의해 합성되어 식물의 뿌리, 열매, 줄기와 잎 등에 녹말이나 섬유소 형태로 저장된다. 즉 엽록소를 가진 녹색식물은 태양에너지를 이용하여 공기 중의 이산화탄소와 토양의 물로부터 탄수화물을 만든다. 이들 탄수화물을 식품으로 섭취하면, 체내에서 소화작용과 흡수작용을 거쳐 중요한 에너지 급원으로 작용한다.

1) 탄수화물의 기능

(1) 에너지 생성

섭취한 대부분의 탄수화물은 포도당으로 전환되어 대사에 이용된다. 탄수화물은 1g당 4kcal의 에너지를 공급하며 하루에 섭취하는 에너지의 60~70% 정도를 차지한다. 신체에서 적혈구, 뇌세포 및 신경세포는 주로 포도당을 에너지원으로 이용한다. 근육 등 다른 세포에서도 식사 후에는 포도당을 사용하여 에너지를 얻는다.

(2) 체단백질 보호

적절한 양의 탄수화물 섭취는 몸에 있는 체단백질을 보호한다. 포도당만을 이용하는 세포에 에너지를 제공하고자 할 때, 탄수화물 섭취가 부족하면 단백질로부터 포도당을 합성한다. 따라서 탄수화물을 매우 적게 섭취하거나 굶으면 근육이나 간, 신장, 심장 등 여러 기관에 있는 단백질이 분해되어 포도당 합성에 쓰게 된다. 특히 체중조절을 위해 굶을 경우, 체단백질이 급격히 손실된다.

(3) 지방의 불완전산화 방지

체내에서 지방질이 산화되어 에너지를 낼 때에도 탄수화물이 꼭 필요하다. 만일, 탄수화물을 아주 적게 섭취한다면, 지방이 분해될 때 완전히 산화되지 못하고 케톤체가 만들어지는데, 이들이 혈액과 조직에 많이 축적되는 것이 케톤증이다. 케톤증을 방지하기 위해서는 하루에 50~100g의 탄수화물 섭취가 필요하며 이는 밥 한 공기 반 정도에 해당한다. 여기서 케톤증은 조절되지 않는 당뇨병이나 황제 다이어트(고단백, 고지방, 저탄수화물)를 하는 경우에 생기는데, 다음과 같은 부작용이 생기므로 소아나 임산부의 경우에 특히 주의해야 한다.

- 케톤체가 많이 생성되면 숨 쉴 때마다 아세톤 냄새가 난다.
- 케톤체를 몸 밖으로 배설하기 위해 소변량이 많아지며 탈수되기 쉽다.
- 식욕이 떨어지고 속이 메스꺼우며 머리가 아프고 쉽게 피로해진다.
- 치료하지 않는 경우 뇌에 치명적인 손상을 입히고, 심지어 사망의 우려도 있다.

02. 탄수화물의 성질

- 결정성 : 무색 또는 백색의 결정을 형성한다.
- 용해성 : 물에는 잘 녹으나 유기용매에는 잘 녹지 않는다.
- 감미 : 일반적으로 단맛이 있으나 종류에 따라 다르다.
- 선광성 : 부제탄소를 가지므로 선광성이 있다.
- 환원성 : 자신은 산화되고 다른 화합물은 환원시키는 환원성을 가진다. 그러나 설탕 등의 비환원당은 제외된다.
- 발효성 : 대부분의 당은 효모에 의해 발효되어 알코올+이산화탄소가 된다. 일부의 다당류와 갈락토오스는 발효가 어렵다.
- 에스테르 형성 : 당은 수산기를 가지므로 산과 에스테르를 만든다.
- 배당체 형성 : '당-O-비당질'의 구조를 만든다. 배당체의 종류는 당이 포도당이면 글루코사이드, 갈락토오스이면 갈락토사이드라고 한다. 천연에는 배당체 종류가 많으며 여러 가지 약리성을 가지고 있다.
- 단당류의 유도체 형성 : 당 산화물, 당 알코올, 아미노당, 티오당 등을 형성할 수 있다.
- 당의 갈변화반응 : 아미노-카르보닐 반응성, 캐러멜화반응 등으로 음식에 식욕을 촉진시키는 색깔을 부여한다.

03. 탄수화물의 구조

1) 탄수화물의 이성체와 부제탄소

부제탄소란 서로 다른 4개의 원자나 원자단이 결합되어 있는 탄소를 말하는데, 부제탄소를 가진 글리세르알데히드는 2개의 이성체가 존재하고 이들은 서로 거울상의 관계를 가진다. 이와 같은 입체이성체를 에난티오머라고 한다. 분자 중에 부제탄소가 존재하면 구성원자와 원자단들의 입체적 배치가 다른 입체이성체가 생기며, 부제탄소 수가 n개 있으면 가능한 입체이성체의 수는 2^n개가 된다.

2) 우선성과 좌선성

당의 D형 또는 L형 지정은 알도오스에서는 D-글리세르알데히드를 기준으로 하고 있으며 여기에 탄소사슬이 증가한 당을 D형으로 하고 각각의 거울상 입체이성체를 L형으로 표시한다. 케토오스에서는 에리트룰로오스를 기준으로 하여 케톤기로부터

그림 4•1

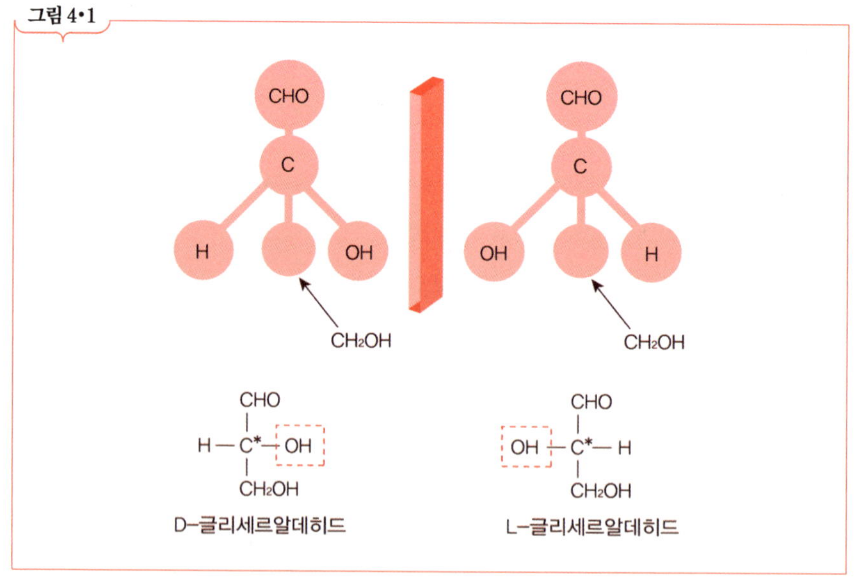

글리세르알데히드의 입체구조와 이성체

가장 멀리 있는 부제탄소의 입체 배치에 따라 D형과 L형으로 표시한다. 자연계에는 D형의 당이 많이 존재한다.

그림 4•2

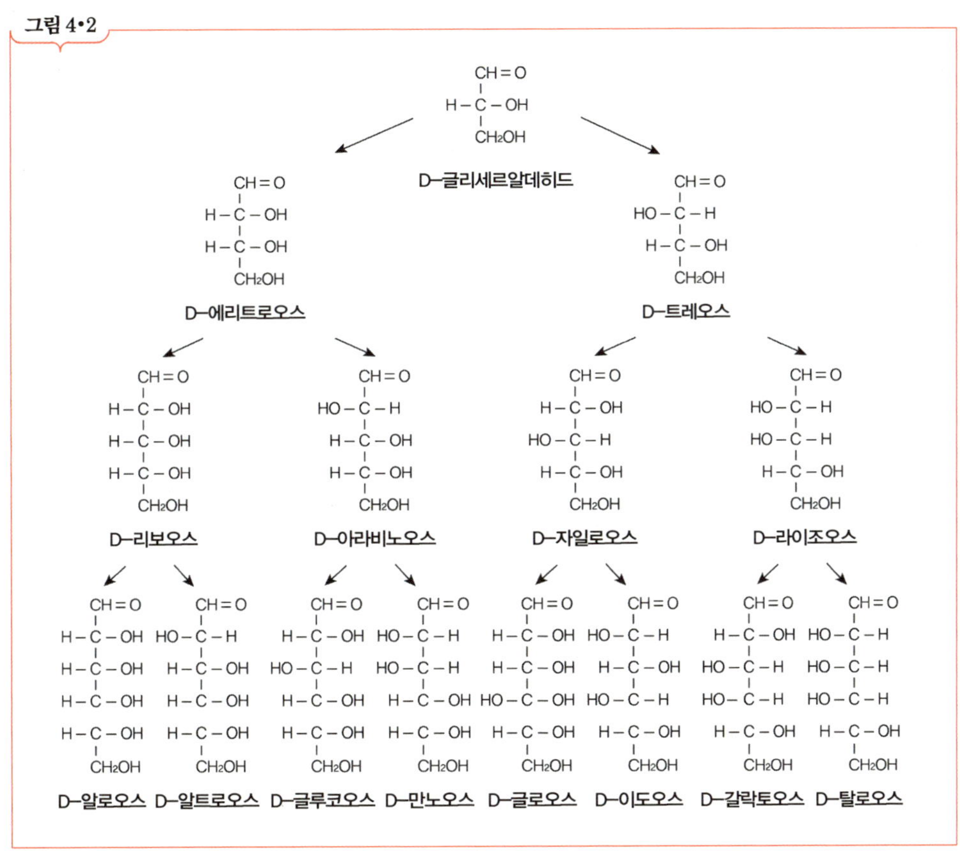

D형 알도오스 계열의 당의 구조

부제탄소에 의해 생기는 입체이성체 중에서 1개의 탄소원자에서만 원자단이 다르게 배치되어 있는 2개의 당을 서로 에피머라고 부른다. 예를 들면, 포도당과 갈락토오스는 4번째 탄소에 결합되어 있는 수소와 히드록시기가 서로 다르게 배치되어 있기 때문에 에피머이다.

부제탄소를 갖는 이성체들의 용액은 편광을 통과할 때 편광면을 회전시키는 광학적 성질을 가지고 있어 이들을 광학이성체라고 한다. 편광면을 오른쪽으로 회전시키는 것을 우선성이라 하며(+)로 표시하고, 편광면을 왼쪽으로 회전시키는 것은 좌선성이라고 하며(−)로 표시하고 당의 이름 앞에 붙인다. 예를 들면, 우선성의 D-포도당은 D(+)-포도당으로 표시한다. 편광면을 회전시키는 정도를 선광도라고 한다. 용액에 우선성과 좌선성의 이성체가 동량 존재할 경우 광학적 활성이 서로 상쇄되어 없어지게 되는데, 이렇게 우선성과 좌선성 이성체가 동량 혼합된 혼합물을 라세미체라고 한다.

3) 당의 쇄상구조와 환상구조

사슬모양의 당에 있는 알데히드기 또는 케톤기는 C_4 또는 C_5에 결합된 히드록시기와 반응하여 헤미아세탈을 형성하여 고리모양의 환상구조를 이룬다. 당이 환상구조를 형성함으로써 생긴 C_1의 히드록시기를 글리코시드성 히드록시기 또는 헤미아세탈성 히드록시기라고 한다. 환상구조에는 5각형의 푸라노오스와 6각형의 피라노오스가 있다.

포도당의 환상구조에서는 부제탄소인 C_1에 결합된 수소와 히드록시기의 입체 배치에 따라 2개의 이성체가 생길 수 있다. 즉, C_1에 결합된 히드록시기가 평면 아래로

그림 4·3

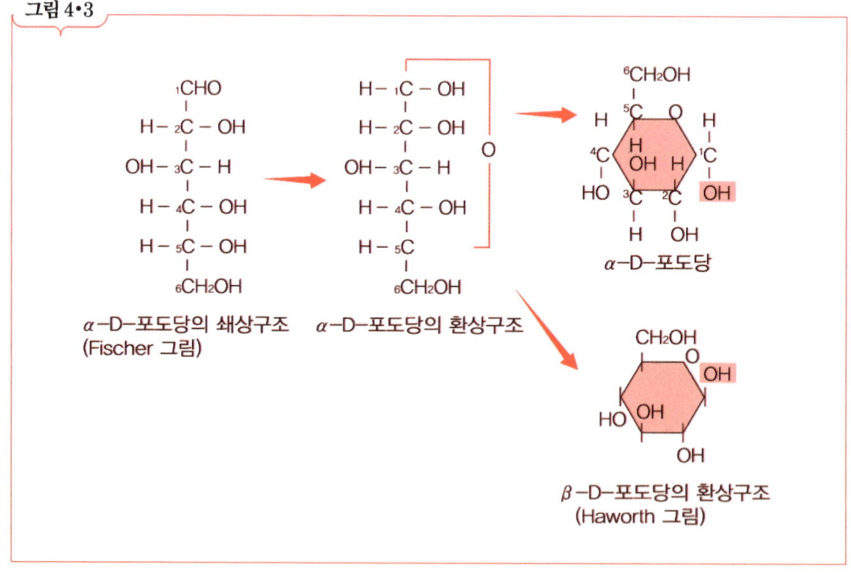

포도당의 쇄상구조와 환상구조

배치되면 α형, 평면 위로 배치되면 β형이라고 하며 이들 이성체를 아노머라고 한다. 아노머는 고유 비선광도와 같은 물리적 성질이 서로 다르다. 일반적으로 당의 수용액에서는 α형과 β형이 평형을 이루고 있다.

(1) 환원당과 비환원당

당이 환상구조를 형성할 때 알데히드기 또는 케톤기가 히드록시기와 헤미아세탈 히드록시기를 형성한다. 이러한 글리코시드성 히드록시기는 환원성을 가지므로 글리코시드성 히드록시기를 가진 당을 환원당이라고 하며, 이를 갖지 않은 당을 비환원당이라고 한다. 모든 단당류와 이당류 중 맥아당과 유당은 환원당이며, 자당은 비환원당이다.

그림 4·4

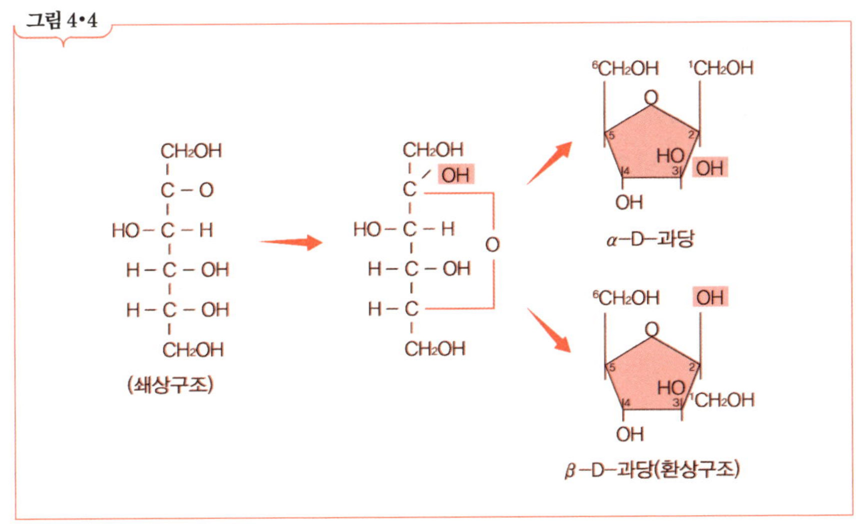

과당의 쇄상구조와 환상구조

04. 단당류

【4.1】 단당류

단당류는 한 분자 중에 결합된 탄소수에 의해 결정된다.

1) 5탄당

다당류인 펜토산 혹은 핵산 성분으로 존재하고 유리 상태로는 거의 존재하지 않는다. 다당류인 펜토산은 초식동물의 사료로 이용되지만, 인간은 에너지원으로 이용하지 못하므로 영양적 가치는 없으나 인체에는 유익한 기능성을 가진다.

(1) D-리보오스 및 D-디옥시리보오스

핵산의 구성당인 D-리보오스는 RNA의 구성분이며, D-디옥시리보오스는 C_2의 -OH에서 O가 떨어진 상태이며 DNA의 구성분이다. 그 외 비타민 B_2(리보플라빈), ATP, CoA 등 생리적으로 중요한 물질이다.

(2) D-자일로오스

이는 식물의 잎, 줄기, 껍질 등에 존재하며 펜토산인 자일란의 구성당이다. 죽순 · 밀짚 · 옥수수 · 볏짚 · 낙화생 껍질 등에 많이 들어 있다.

(3) L-아라비노스

이는 펜토산인 아라반, 펙틴질, 헤미셀룰로오스 등의 구성분이다.

그림 4•5

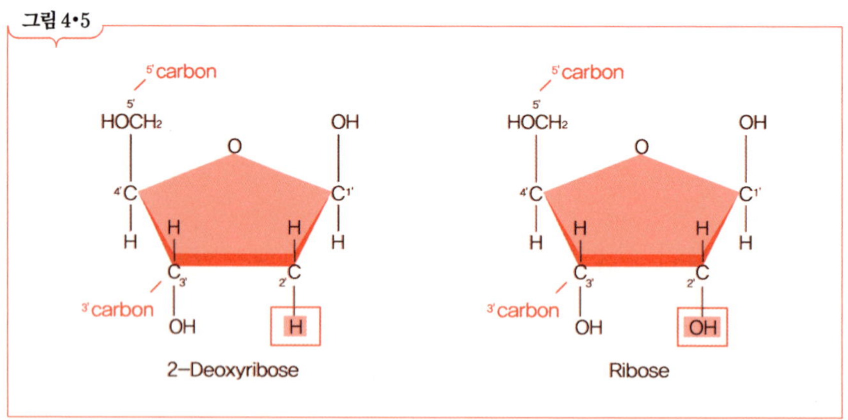

5탄당 단당류의 구조

2) 6탄당

6탄당에 해당하는 당류들은 대체로 단맛을 가지며 포도당, 만노오스, 갈락토오스 및 과당이 대표물질이고, 모두 효모에 의해 발효되므로 지모헥소스라고 부른다.

(1) D-포도당

포도당은 유리 상태로서 포도에서 발견되었기에 포도당이라고 하지만 일반 식물체에도 존재한다. 동물의 혈액 속에도 약 0.1% 함유되어 있다. 곡류나 서류 등에 존재하는 다당류인 전분, 섬유소, 글리코겐 등이며, 소당류로는 이당류인 설탕, 맥아당 및 유당, 3당류인 라피노오스, 4당류인 스타키오스 등의 구성당이다.

(2) D-만노오스

주로 다당류인 만난, 글루코만난과 같은 구성단위로 존재하며, 당단백질의 구성당으로 달걀 알부민과 혈액 알부민 등에도 있다.

(3) D-갈락토오스

다당류로는 갈락탄, 한천, 아라비아고무 등이 있으며 자연계에 널리 분포되어 있다. 이의 기능성도 확인되고 있는데 동물의 뇌, 신경조직 내 일부 인지질의 구성당이기도 하다.

(4) D-과당

과일 · 벌꿀 등에 유리 상태로 존재하며, 이당류인 설탕, 다당류인 이눌린의 구성분이다. 과당은 α-, β-형의 이성체가 존재하며 자연계에 결합 상태로는 항상 β-D-프룩토푸라노스만 존재한다. α-형이나 β-형의 수용액을 방치하면 이성화가 일어나 평형혼합물이 얻어진다. β-형이 α-형보다 더 달며 온도가 상승됨에 따라 α-형으로 기울어 감미도가 급격히 감소한다.

과당의 독특한 성질은 다음과 같다.

- 천연당류 중에서 감미도가 가장 강하다.
- 당류 중에서 용해도가 가장 크다.
- 과포화되기 쉽다.
- 점도가 포도당이나 설탕보다 작다.
- 조해성이 강하다.

그림 4•6

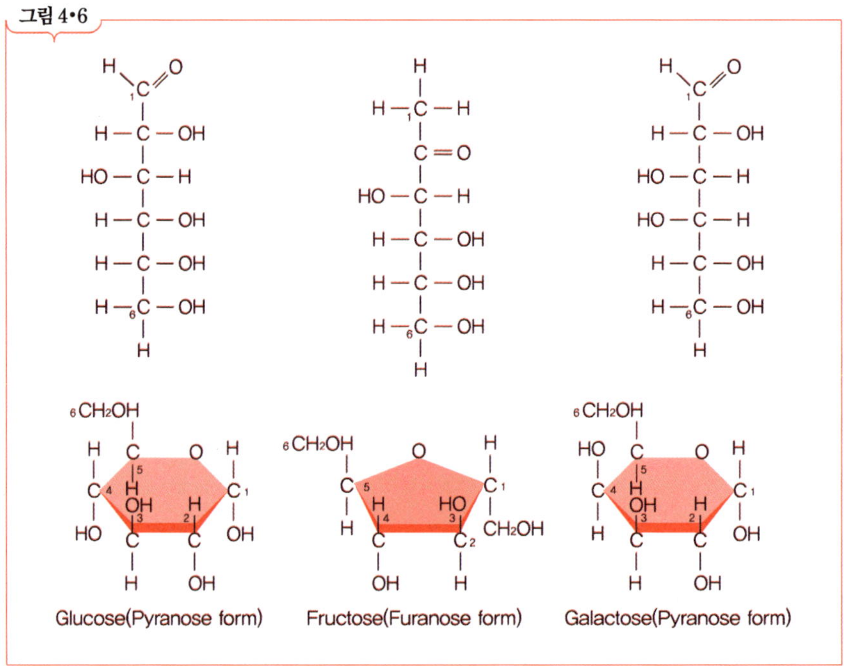

6탄당 단당류의 구조

3) 단당류의 유도물질

자연계에는 단당류와 유사한 화합물과 비당류와 결합한 것이 다양하게 널리 존재한다.

(1) D-디옥시슈가

당분자 속 1개의 -OH가 H로 치환된 화합물을 말한다. D-리보오스에서 C_2의 O가 떨어진 D-디옥시리보오스는 DNA의 구성분으로 동·식물체에 널리 분포하고 있다. 만노오스의 C_6에서 산소가 제거된 L-람노스는 색소인 플라보노이드와 결합한 배당체로 식물색소 성분이다. L-갈락토오스는 C_6에서 산소가 제거된 L-푸코스도 해조류의 다당류인 푸코산의 구성분이다.

(2) 당 알코올

단당류의 카르보닐기가 환원되어 $-CH_2OH$로 된 형태이다. 감미가 있고 중요한 화합물이 많다. 5탄당인 리보오스는 리비톨로 되며 비타민 B_2의 구성분이고, 자일로오스에서 자일리톨, 포도당에서 환원된 솔비톨은 과일 중에도 존재하며 공업적으로 비타민 C의 합성원료이며, 만노오스에서 환원된 만니톨은 버섯·균류·해조류 등에 분포되어 있다.

(3) 당 산화물

단당류의 6탄당 분자 중에서 다음과 같은 성분이 된다.

- 당의 C_1 산화 : -어미 → onic acid, ex) glucose → gluconic acid, 이는 세균, 곰팡이에 존재한다.
- 당의 C_6 산화 : -어미 → -uronic acid, ex) glucose → glucuronic acid, 이는 식물 검질의 중요한 성분이며 동물체 내에서는 해독기구와 관계가 있다. 독성 물질이 있으면 글루쿠론산과 결합하여 무독한 물질이 되어 몸 밖으로 배설된다. 만누론산은 갈조류의 다당류인 알긴산의 구성단위이며, 갈락투론산은 펙틴의 구성분이다.
- 당의 $C_{1,\ 6}$ 동시산화 : -어미 → -aric acid, ex) glucose → glucaric acid, 인도 고무나무에 존재하며 물에 가용되고 환원성이 없다.

(4) 아미노당

아미노당은 단당류인 C_2의 -OH가 $-NH_2$로 치환된 것으로, 천연에는 포도당에서 치환형 글로코사민인 키토사민은 갑각류 껍질의 구성분인 키틴의 구성단위가 되며, 이 키틴은 아미노기의 수소원자 1개가 아세틸기로 치환된 N-아세틸글루코사민의 중합체이다. 또한 갈락토사민인 콘드로사민은 연골, 건의 당단백질 중의 콘드로이틴 황산의 구성분이 된다.

(5) 티오당

단당류 분자의 카르보닐기의 O가 S로 치환된 것이며 대표적으로 배당체 시니그린이 있고 자연계에서 무 · 마늘의 매운맛 성분이다.

【4.2】 이당류

1) 이당류

이당류는 단당류가 2개 결합된 것으로 설탕 · 맥아당 · 유당이 이에 속한다.

(1) 설탕

자당, 서당, 수크로스, 사카로스 또는 캔슈가라고도 하며, 과일 · 꽃 · 종자 등의 식물계에 널리 분포되어 있는 천연식품의 감미 성분이다. 설탕은 주로 사탕수수(10~16%)나 사탕무(13~17%)에서 얻은 즙을 농축한 후 결정화하여 정제한다.

그림 4·7

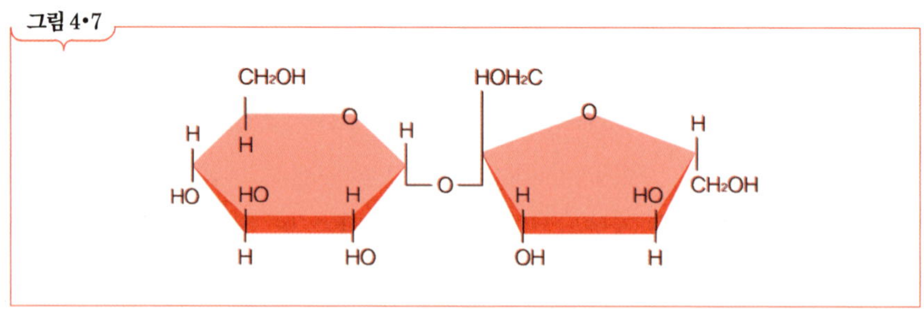

자당의 구조

α-D-글루코피라노스의 C_1+β-D-프룩토푸라노스의 C_2가 축합한 것으로 비환원당이다. 설탕의 이러한 성질 때문에 설탕은 감미도 표준물질이며 α, β의 이성질체가 없다. 설탕은 묽은 산, 알칼리 또는 인베르타아제의 작용에 의해 포도당과 과당으로 쉽게 가수분해된다. 또한 설탕은 가수분해되어 포도당+과당의 등량 혼합물이 되며, 이와 같은 포도당과 과당의 등량 혼합물을 전화당이라고 한다. 전화당의 대표적인 예로써 벌꿀은 벌의 타액효소 인베르타아제에 의해 설탕이 분해되어 전화당을 이루고 있다. 또한 설탕은 가열조리, 가공 중 쉽게 가수분해되어 그 일부가 전화당으로 분해되며, 설탕보다 단맛이 더 강하다. 전화당은 쉽게 결정을 이루지 않기 때문에 식품제조 시 특별히 첨가된다.

(2) 맥아당

엿당, 말토오스라고 하며 맥아에 많이 존재한다. 전분을 산이나 맥아의 아밀라아제로 가수분해하여 얻기도 한다. 맥아당은 포도당 두 분자가 결합된 이당류인데, β-말토오스와 α-말토오스가 있다. 환원성과 선광성이 있으며, 효모에 의해 발효된다. 감미도는 60 정도이다.

그림 4•8

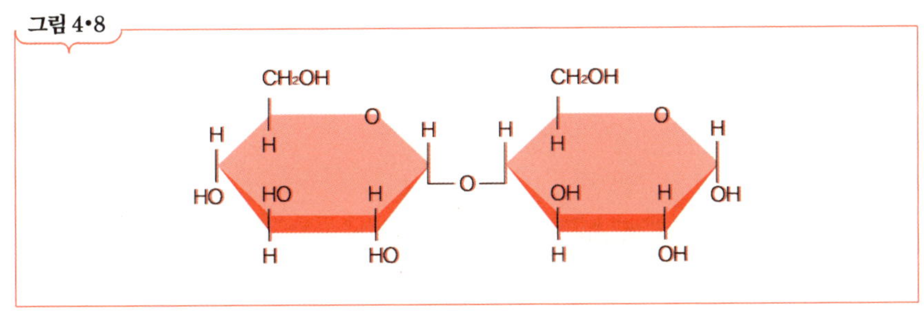

α-맥아당의 구조

(3) 유당

젖당, 락토스라고 하며 모든 포유동물의 젖에 있고 식물계에는 존재하지 않는다. 사람의 젖에는 약 7%, 우유에는 약 4.5% 정도 함유되어 있다. 환원성이 있고 효모에 의해서 발효되지 않는다. 유당은 α-락토스와 β-락토스로 나뉜다. β-형이 α-형보다 단맛이 강하다. 한편, 적량의 유당 섭취는 유산균의 발육을 왕성하게 하여 다른 유해균의 번식을 억제하므로 정장작용을 하는 것이 밝혀졌다. 또한 왕성하게 번식한 유산균이 산을 생성하여 장내의 pH가 산성으로 기울어 칼슘의 흡수를 돕고 유아의 장내 이상 발효나 설사를 예방할 수 있다.

그림 4•9

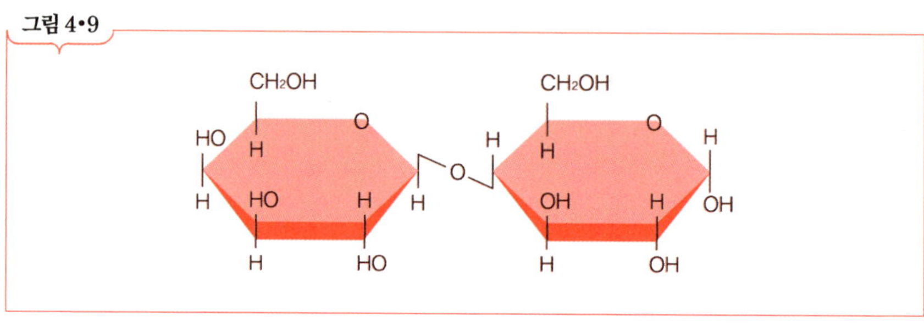

α-유당의 구조

2) 젖에 함유된 소당류

젖에 함유된 소당류로는 3당류, 5당류 및 6당류가 있고, 우유에 함유되어 있는 소당류는 어린이의 장내 미생물에 유익한 비피더스인자가 있다. 이는 해로운 미생물의 활동은 억제하고 유용한 미생물은 돕는다.

3) 기타 소당류

에너지로 활용되는 몇몇 소당류를 제외하면 인체에서 여러 가지 기능성을 나타내는 소당류가 많이 있다.

(1) 셀로비오스

자연계에 유리된 상태로 존재하지 않고, 섬유소의 구성단위로 존재한다. 감미는 없고 환원성이 있다.

그림 4·10

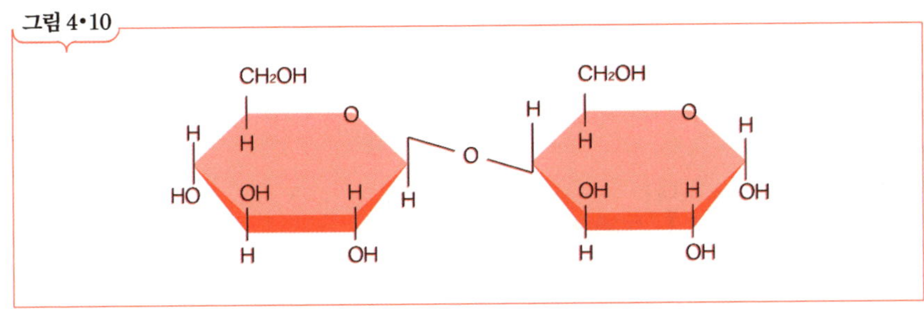

셀로비오스의 구조

(2) β-이소말토오스

맥아당과 비슷하나 구조는 전혀 다르며 아밀로펙틴, 글리코겐, 덱스트란 등에 함유되어 있으며 전분의 최종 가수분해 생성물인 물엿의 부산물이고 포도당에서 역생성되기도 한다. 환원성은 있다.

(3) 라피노스

식물의 종자 · 뿌리 · 지하경 등에 광범위하게 존재하며 콩과식물의 종자 속에 특히 많이 존재한다. 약한 감미가 있으나 효모에 의해 가수분해된다.

(4) 루티노스

메밀이나 담배 속의 배당체인 루틴의 구성분이다.

(5) 스타키오스

목화씨와 대두에 많이 함유되어 있고 비환원당이다.

(6) 트레할로스

포도당 두 분자가 결합되며 비환원당으로 효모 등에 존재하며 발효되지 않는다. 다시마, 젤리 등 기능성 식품제조에 사용되고 있다.

그림 4•11

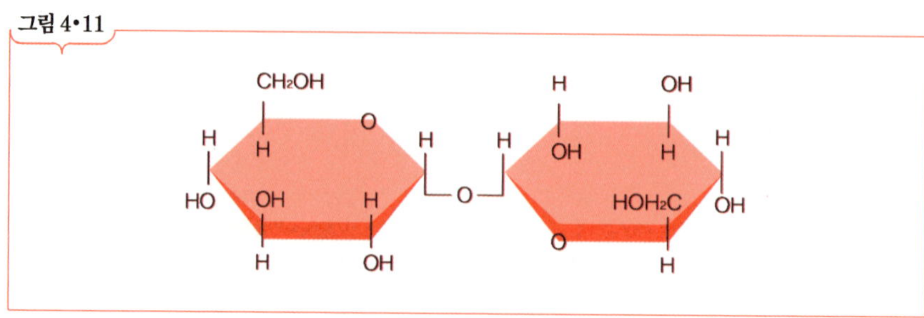

트레할로오스의 구조

【4.3】 다당류

1) 다당류

다당류는 수많은 단당류나 그 유도체가 글루코시드 결합으로 연결된 고분자 탄수화물이며, 구성단당류가 한 가지만으로 되어 있는 단순다당류와 2가지 이상으로 되어 있는 복합다당류가 있다. 다당류는 동물 · 식물 · 미생물 등에 널리 분포한다.

그림 4•12

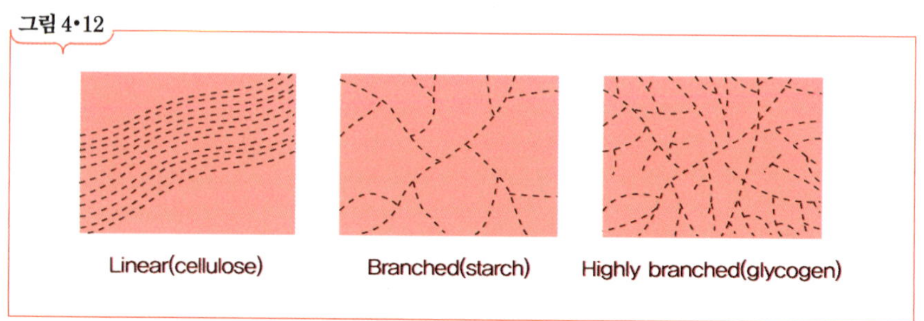

다당류의 결합 형태와 모양

(1) 다당류의 분류

다당류에는 전분처럼 에너지 저장의 구실을 하는 것, 셀룰로오스나 펙틴처럼 식물의 세포벽을 구성하는 것, 글리코겐처럼 동물체에 존재하는 것, 식물 검과 한천처럼 보호의 구실을 주로 하는 것 등 여러 종류가 있다.

그림 4•13

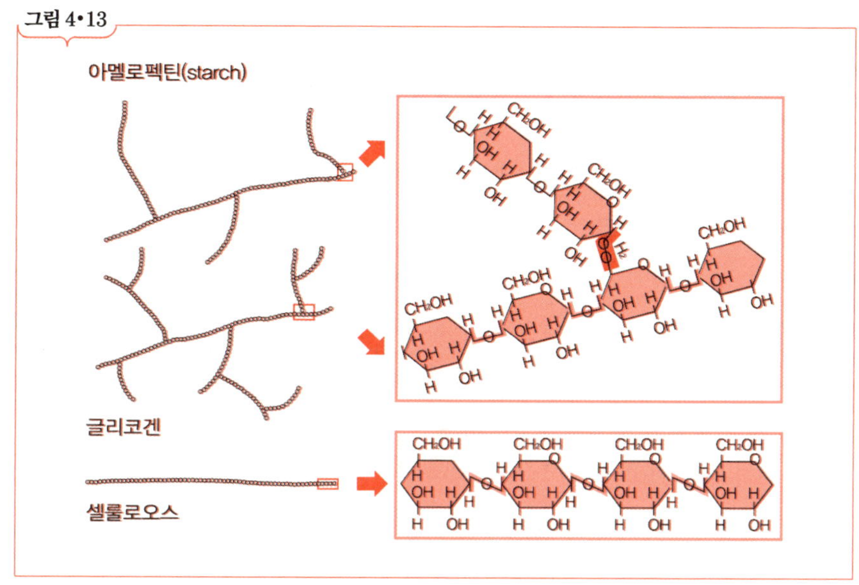

다당류의 결합 형태와 구조

(2) 단순다당류

1 전분

① 전분의 특성

전분은 대표적인 식물성 저장탄수화물로 포도당 수백·수천 개가 중합된 것이며, 녹색식물의 잎에서 엽록소로부터 공기 중의 이산화탄소와 흙의 수분을 이용하여 태양 에너지를 흡수하는 광합성으로 만들어져 종자·뿌리 등에 에너지원으로 저장된다. 대표적인 전분식품으로는 쌀, 찹쌀, 보리, 옥수수, 고구마, 감자, 마, 칡 등이 있다.

② 전분의 분자구조

전분은 수많은 포도당이 다수 결합된 것이며, 분자식은 n으로 표시되나 실제로는 아밀로오스와 아밀로펙틴이라고 하는 두 종류의 구조가 다른 동족체의 혼합물이다. 전분 중의 아밀로오스와 아밀로펙틴의 비율은 일반적으로 20 : 80 정도이다. 그러나 전분 중의 아밀로오스와 아밀로펙틴의 함량은 전분의 종류에 따라 다르다. 찹쌀·찰옥수수 등의 전분은 아밀로오스는 함유되어 있지 않고 거의 아밀로펙틴만으로 되어 있다.

전분의 미셀구조는 아밀로오스와 아밀로펙틴이 일정한 비율로 서로 뒤섞여 존재하며, 아밀로오스의 일부, 아밀로펙틴의 가지 등이 서로의 인력에 대해 규칙적으로 배열하여 부분적으로 결정과 같은 미셀을 이루고 이들이 다시 모여 그물모양의 구조를 이룬다고 알려져 있다. 이 때 미셀을 형성하고 있는 부분은 전체의 약 30% 정도이며 나머지는 비결정질이다.

전분은 식물 내 축적영양소의 대부분을 이루고 있다. 전분은 가용성인 아밀로오스와 불용성인 아밀로펙틴의 두 물질로 구성되어 있다. 구조를 보면, 아밀로오스는 글루코오스가 직선상으로 연결되어 있는 반면, 아밀로펙틴은 가지상으로 연결되어 있다.

셀룰로오스는 글루코오스가 직선상으로 연결되어 있는 다당류이나, 글루코오스가 β-1, 4의 상태로 연결되어 있으며, 일반 동물들은 이 연결고리를 끊을 수 있는 효소를 소유하고 있지 않다. 그러나 박테리아는 이러한 결합을 파괴할 수 있는 효소를 소유하고 있기 때문에 미생물과 공생하는 초식가축에 있어서는 중요하고 유용한 영양소가 된다.

이 밖에도 특수한 탄수화물인 리그닌과 키틴이 있다. 리그닌은 식물의 대부분, 곡류의 껍질, 줄기나 잎의 섬유질 부분에 들어 있는 소화가 되지 않는 물질이며, 키틴은 새우 · 게와 같은 갑각류의 껍질에 들어 있는 물질이다.

아밀로오스

아밀로오스는 글루코오스가 α-1, 4 결합에 의하여 중합된 고분자 화합물로서 그 평균중합도는 전분의 종류에 따라 다르나 일반적으로 200~3,000 정도이다.

아밀로오스 분자는 부분적으로는 α-D-글루코오스끼리 C_1과 C_4 위치에서 결합하여 직쇄상으로 연결되어 있으나, 글루코오스 6분자가 모여 하나의 나선을 형성하면서 회전하여 길게 연결된 나선상의 구조를 이루고 있다.

α-포도당이 α-1, 4 결합만으로 연결된 긴 사슬모양으로 중합된 것이다. α-포도당은 대개 6~7분자마다 한 번씩 감으면서 길게 연결된 나선상 구조의 모양을 이루고 있다.

아밀로오스는 나선의 내부 공간에는 지방산 분자나 요오드 분자가 들어가서 포접화합물을 형성하는 경우가 있다. 아밀로오스에 요오드를 반응시키면 요오드 분자가

이 포접 화합물과 작용하여 특유한 청색의 요오드 정색반응을 나타내며, 아밀로오스의 사슬 길이가 길수록 색깔은 짙어진다.

한편 아밀로오스는 α-아밀라아제에 의해 프록토오스, 말토오스, 글루코오스로 분해되고 β-아밀라아제에 의해서는 말토오스로 분해된다.

아밀로펙틴

아밀로펙틴은 글루코오스가 α-1, 4 결합에 의해 연결된 아밀로오스 사슬의 군데군데에서 다른 아밀로오스 사슬이 α-1, 6 결합에 의해 가지를 친 형태의 분자구조를 형성하고 있으며, 전체적으로는 그물모양의 구조를 이루고 있다.

아밀로펙틴 분자 중의 글루코오스 중합도는 전분의 종류에 따라 차이가 있으나 일반적으로 6,000~37,000 정도로 아밀로오스보다는 훨씬 크다. 그리고 아밀로펙틴에 있어서 분지된 가지의 글루코오스 잔기수는 말단지에서는 20개 내외, 중간지에서는 5~9개 정도로 추정되고 있다.

전체로는 공 모양의 분자 형태를 이루며, 더운 물에는 녹지 않으나 가열하면 호화한다.

아밀로펙틴은 나선상의 형태를 이루고 있지 않으므로 포접 화합물을 형성하지 않으며, 요오드와 거의 반응하지 않고, 아밀로오스와 달리 정색반응에 의한 빛깔은 자주색이다. 아밀로펙틴의 전체적인 분자 형태는 나무 모양, 즉 수상의 형태를 가진 메이어의 모델로 나타난다. 아밀로펙틴 분자는 보통 1,000여 개 이상의 포도당의 구성단위로 구성되어 있다.

아밀로오스와 아밀로펙틴의 특이성

대부분의 전분립은 아밀로오스와 아밀로펙틴의 함량 비율이 20 : 80 정도로 되어 있으나 찹쌀 · 찰옥수수 · 차조 등의 찰 전분은 거의 아밀로펙틴만으로 되어 있으며 이와 반대로 아밀로오스의 함량이 많은 것도 있다.

③ 전분의 성질

전분은 맛과 냄새가 없고, 흰색의 입자 형태로 물에 녹지 않고 물보다 비중이 커

물에서 백색 침전으로 가라앉으며, 요오드를 가하면 청색을 띤다. 전분은 물과 함께 가열하면 팽윤하고, 60~70℃에서 호화되어 투명해지며 점착성을 갖게 된다.

전분은 녹말이라고도 하고, 곡류나 감자류 등에 저장되어 있으며, 식물의 종류에 따라 그 모양과 크기가 다르다.

④ 전분의 입자 형태

전분은 식물의 저장탄수화물로서 종자 · 뿌리 · 줄기 등에 널리 분포되어 있다. 특히 곡류 · 감자류에는 다량 함유되어 있으며, 그 고형물의 1/2~3/4을 차지하고 있다. 덜 익은 사과 · 바나나에도 다량으로 함유되어 있으나 익어감에 따라 포도당으로 변화된다.

전분은 무색 · 무미 · 무취의 가루이며, 물에 잘 녹지 않고, 비중이 1.55~1.66으로써 물보다 무거워 물속에 침전되므로 전분이라고 불리게 된 것이다.

전분입자의 모양은 대부분이 원형 내지 타원형이나 바나나의 경우처럼 막대형의 것도 있고, 쌀의 전분입자는 모진 육각형과 비슷하다. 전분이 특이하게 전분입자를 둘러싸고 있는 막이 존재하지 않는 데에도 불구하고 식물체 내에서 일정한 형태의 입자를 유지하고 있는 것은 전분 입자들 상호간에 수소결합에 의해 강하게 결합되어

그림 4•14

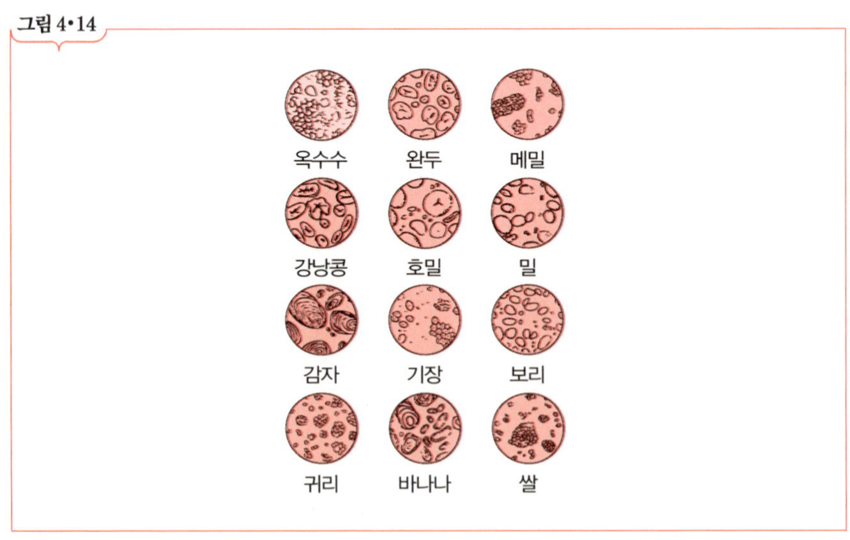

각종 녹말의 녹말입자

있기 때문이라고 한다.

⑤ 전분분해효소

α-아밀라아제

α-아밀라아제는 타액, 췌장액, 발아 중인 종자들, 미생물 등에 존재한다. α-아밀라아제는 아밀로오스 분자들의 α-1, 4 결합을 무작위로 가수분해하여 덱스트린을 형성하며, 계속해서 맥아당과 포도당으로 분해한다.

이 효소는 α-1, 4 결합에만 작용하므로 아밀로오스 분자는 잘 가수분해할 수 있다. 그러나 α-1, 6 결합에는 작용하지 못하므로 아밀로펙틴에서 α-아밀라아제가 작용하지 못하고 남은 부분을 α-아밀라아제 한계 덱스트린이라 한다. α-아밀라아제는 전분 분자들을 가수분해하여 용액 상태로 만들어 액화효소라고도 하며, 전분을 가수분해하여 물엿 또는 결정포도당을 만든다.

β-아밀라아제

β-아밀라아제는 감자류 · 곡류 · 두류 · 엿기름 · 타액에 존재한다. β-아밀라아제는 전분 분자 중의 α-1, 4 결합만을 끝에서부터 맥아당 단위로 말단에서부터 가수분해하며, α-1, 6 결합과 그 위의 결합은 가수분해할 수 없다.

아밀로오스에서는 β-아밀라아제의 작용이 잘 진행되나 아밀로펙틴의 경우에는 α-1, 6 결합 또는 그 부근에서 가수분해가 중단된다. 이 때 가수분해되지 않고 남은 부분을 β-아밀라아제 한계 덱스트린이라고 한다. 이 효소가 작용하면 맥아당과 포도당의 함량이 증가하여 단맛이 증가되므로 다오하효소라고도 한다.

글루코 아밀라아제

글루코 아밀라아제는 말토오스 가수분해효소 또는 γ-아밀라아제라고도 하며, 동물의 간조직과 각종의 미생물에 존재한다.

이 효소는 전분 분자들의 α-1, 4 결합을 포도당 단위로 끝에서부터 순서대로 가수분해하며, α-1, 4 결합뿐만 아니라, α-1, 6 결합, α-1, 3 결합까지도 포도당 단위로 끝에서부터 순서대로 가수분해하여 직접 포도당을 생성한다.

α-1, 4 결합만으로 이루어진 아밀로오스는 100% 분해하고, 아밀로펙틴은 80~90% 분해하며, 고순도의 결정포도당을 공업적으로 생산하는 데 이용한다.

⑥ 전분의 변화

 호화

○ 호화단계

전분을 물과 가열하면 60~80℃에서 전분입자가 파괴되어 풀처럼 된다. 전분입자는 분자 상호간에 강한 결합결에 의해 규칙적으로 모여진 미셀구조로 되어 있는데, 이를 생전분(β-전분)이라 하며, 미셀구조가 흐트러진 전분을 호화전분(α-전분)이라 한다. β-전분에서 α-전분으로 변화하는 것을 교질화, 호화 또는 α화라 한다.

그림 4•15

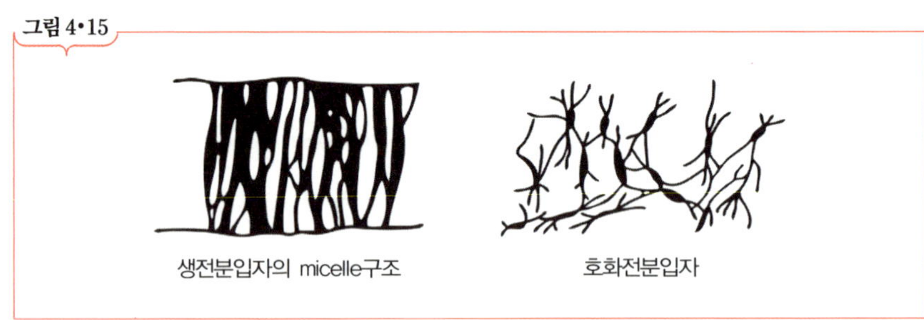

생전분입자와 호화전분입자의 형태

- 제1단계 : 수화현상 – 전분을 물에 담그면 물분자들은 쉽게 미셀을 형성하고 있는 아밀로오스나 아밀로펙틴 분자들 사이에 스며든다. 전분입자들은 현탁액의 온도가 높아짐에 따라 중량의 20~30%의 물을 흡수하며, 가역적으로 건조되면 원상태로 된다.
- 제2단계 : 팽윤 – 전분입자들의 현탁액 온도가 계속 상승함에 따라 전분입자들은 물의 흡수량이 증가되어 급속하게 팽윤을 일으킨다. 전분입자의 형태는 아직 유지되고 있으나 내부적인 변화는 계속된다. 즉 아밀로오스와 아밀로펙틴 분자들 사이에 많은 물분자들이 수소결합을 통해 침투해 들어가 분자들 사이의

간격은 계속 늘어나게 된다.

- 제3단계 : 미셀의 붕괴 - 전분 현탁액의 온도가 계속 상승해서 각 전분의 특유한 호화온도에 도달하면 전분입자들은 붕괴되고, 그 속의 아밀로오스나 아밀로펙틴 분자들은 퍼져나가게 된다. 즉 이 단계에서 전분입자들은 붕괴되고 아밀로오스와 아밀로펙틴 분자들이 분산되어 전분 현탁액은 콜로이드 용액으로 변하게 되어 호화는 완결된다. 호화가 완결된 콜로이드 용액은 점도가 크게 증가하고 광선의 투과율이 증가하며 결정성의 전분입자들이 가지는 방향부동성의 성질이 없어진다.
- 제4단계 : 겔 형성 - 호화된 전분의 이 콜로이드 용액을 냉각할 때에는 아밀로오스나 아밀로펙틴 분자들은 운동성을 잃고, 농도가 충분히 높을 때에는 반고체의 겔을 형성한다. 또 이 겔을 가열할 때는 다시 콜로이드 상태, 즉 솔 상태로 가역적으로 변화한다. 또한 전분 겔은 밀가루풀의 경우와 같이 교반하면 쉽게 액상인 솔로 되고, 또 방치하면 다시 겔을 형성하는 식서트라픽 겔의 성질을 나타낸다. 보통 생전분은 β-전분이라 하고, 호화전분을 α-전분이라고 한다. β-전분은 규칙적인 분자배열을 가진 미세한 결정 상태이며, α-전분은 불규칙적인 분자배열을 가지는 무정형 상태의 것이다. 따라서 전분의 호화를 α-화라고도 하며, 이것은 β-전분이 α-전분으로 변화되는 현상이다. β-전분은 물분자나 효소와의 친화력이 작기 때문에 소화되기 어려우나 α-전분은 효소작용을 받기 쉬우므로 소화되기 쉽다. 따라서 쌀 등의 곡류, 감자 · 고구마 등의 전분질식품을 가열 · 조리하는 것은 소화되기 어려운 생전분(β-전분)을 호화전분(α-전분)으로 만들기 위한 것이다.

○ 호화에 영향을 미치는 요인

- 전분의 종류 : 전분의 호화나 노화는 전분입자들의 내부 구조와 크기, 아밀로오스와 아밀로펙틴의 함량 등과 밀접한 관계가 있다. 즉 쌀 · 수수 등 곡류 전분의 호화온도는 감자 · 고구마와 같은 서류 전분의 호화온도보다 높다. 전분의 입자가 작으면 작을수록 호화온도가 높아지며, 아밀로펙틴의 함량이 많을수록 호화속도는 느려진다.

- 수분함량 : 물분자가 전분입자 안으로 흡수되면 전분입자가 팽윤되므로 전분의 수분함량이 많을수록 호화가 잘 일어난다.
- pH : 전분 분자들 사이의 수소결합은 산과 알칼리에 의해서 크게 영향을 받는데, 특히 알칼리에 의해 크게 영향을 받는다. 전분의 호화는 알칼리성에서 촉진되며, 산은 전분입자를 절단하여 호화 용액의 점도가 감소한다.
- 온도 : 호화의 최저 온도는 전분의 종류나 수분의 양에 따라 다르나 약 60℃ 전후이며, 온도가 높으면 호화시간은 단축된다.
- 염류 : 염류는 수소결합에 영향을 주기 때문에 전분의 호화에 영향을 미친다. 일부 염류는 전분입자들의 팽윤을 촉진시키며, 결과적으로 그 전분의 호화온도를 내려 준다. 이상과 같은 작용을 가진 물질들은 일반적으로 팽윤제로 알려져 있다. 일반적으로 음이온이 팽윤제로서 작용이 강하다. 한편 황산염은 호화를 억제한다.
- 당류 : 설탕은 물에 대한 용해성이 매우 크므로 설탕의 농도가 30%일 때까지는 호화전분의 점도를 상승시키거나 50%가 되면 호화를 지연시키고 점도를 저하시킨다.

노화

호화된 전분, 즉 α-전분의 콜로이드 용액을 낮은 온도에서 장시간 방치할 때 아밀로오스 분자들은 서서히 부분적인 결정성을 다시 갖게 되어 β-전분으로 되돌아가는 현상을 노화 또는 β-화라고 한다. 이와 같은 현상은 전분 분자들끼리의 수소결합에 의한 결합이 전분 분자와 물분자 간의 수소결합에 의한 결합보다 강하기 때문에 불규칙적인 배열을 하고 있던 전분 분자들이 시간이 경과됨에 따라 부분적으로나마 규칙적인 배열을 한 미셀구조로 되돌아가기 때문에 나타난다. 떡이나 밥, 빵이 굳어지는 것은 전분의 노화현상에 기인하는 것이다.

전분의 노화는 호화의 반대현상이라고 볼 수 있으나 일단 노화된 전분은 재차 용액 상태로 분산시킬 수는 없다. 따라서 노화된 전분은 호화전분보다 효소의 작용을 받기 어려우며, 소화가 잘 안 된다.

그림 4·16

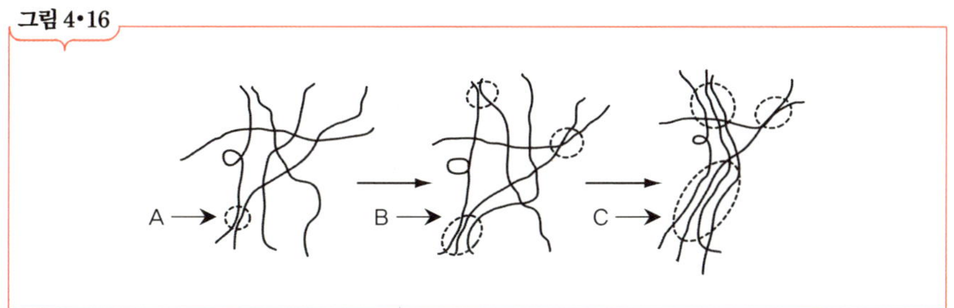

노화의 모형도

노화에 영향을 미치는 요인

- 전분의 종류 : 전분의 노화는 전분 분자의 크기나 형태와 밀접한 관계가 있다. 전분입자의 크기가 작으면 노화가 쉬우므로 쌀 · 밀 · 옥수수 등의 곡류 전분은 노화되기 쉬우며, 감자 · 고구마 · 타피오카 등의 근경류 전분은 노화되기 어렵다.
- 아밀로오스와 아밀로펙틴의 함량 : 전분의 노화는 아밀로오스와 아밀로펙틴의 함유 비율에 따라 달라진다. 즉 아밀로오스는 직선상의 분자구조를 가지고 있어 입체 장해를 받지 않으므로 물에 분산되어 콜로이드 용액을 만들기 쉽고, 또 이 용액은 불안정하여 쉽게 침전으로 가라앉아 부분적인 결정구조를 가지기 쉬우므로 노화되기 쉽다. 그러나 아밀로펙틴은 가지가 많이 있어 입체 장해를 받기 쉽고, 콜로이드 용액을 만들기 어려우므로 노화되기 힘들다. 따라서 일반적으로 아밀로오스의 함량이 많은 전분은 노화가 더 빨리 일어난다. 찹쌀밥이 멥쌀밥보다 노화가 더 늦게 일어나는 것은 찹쌀전분이 아밀로펙틴만으로 구성되어 있기 때문이다.
- 수분함량 : 전분은 수분함량이 30~60%에서 노화가 잘 일어나고, 수분이 10% 이하이거나 60% 이상이면 α-전분 중의 아밀로오스 분자들이 침전과 회합을 방해하게 되므로 노화가 잘 일어나지 않는다. 자당을 첨가하면 노화가 방지되는 것은 자당이 탈수제로 작용하기 때문이다.
- pH : 노화는 주로 수소결합에 의한 분자의 회합에 의해 이루어지므로 수소이온의 농도에 의해 영향을 받는다. 다량의 OH 이온은 전분의 수화를 촉진시키므로 노화를 방지시켜 준다. 일반적으로 pH가 7 이상인 알칼리성인 용액에서는

노화가 잘 일어나지 않는 것으로 알려져 있다. 그러나 강산은 그 농도가 낮은 경우에도 노화속도를 증가시킨다고 한다. 한편 약산은 노화에 별 영향을 미치지 않으며, 또한 pH가 중성 영역에서도 노화의 속도에 별 영향을 주지 않는 것으로 알려지고 있다.

- 온도 : 노화가 가장 잘 일어나는 온도는 0~5℃의 냉장온도인데, 이것은 온도가 낮아질수록 α-전분의 교질구조가 불안정해지기 때문이다. 60℃ 이상이거나 자유수가 얼음이 되는 -2℃ 이하에서는 아밀로오스 분자들의 회합 · 침전 등이 억제되므로 노화가 잘 일어나지 않는다.
- 염류 또는 각종 이온의 영향 : 노화현상도 호화현상과 마찬가지로 전분 분자들의 수소결합과 밀접한 관련이 있는 현상이므로, 수소결합에 영향을 주는 것으로 알려진 물질들은 노화에도 큰 영향을 준다.

○ 노화억제

- 대부분의 전분질의 가공식품들 속의 전분은 호화된 상태, 즉 α-전분으로 되어 있으나, 이들 α-전분은 시간의 경과에 따라 노화되어 물에 잘 풀어지지 않는 소화율이 낮은 β-전분으로 변하므로, 이와 같은 β-화는 바람직하지 않다. 이 β-화의 억제를 위해 여러 가지 방법이 사용되고 있으나, 그 중에서 중요한 몇 가지 방법을 보면 대체로 다음과 같다.
- 수분함량의 조절 : 노화는 수분함량이 30~60%에서 잘 일어나므로 그 이상으로 또는 그 이하로 수분함량을 조절하면 노화를 억제할 수 있다. 그러나 식품에서는 실제로 수분함량을 줄여주는 방법이 이용되고 있다. 일단 α-화된 전분은 80℃ 이상에서 수분을 제거하거나 또는 0℃ 이하에서 급속히 탈수하여, 수분을 15% 이하로 하면 노화되는 것을 방지하여 오랫동안 α-화된 전분에서 급속히 수분을 제거한다. 그리고 15% 이하로 하면 전분 분자의 배열이 흩어진 상태에서 이웃의 분자와 결합되어 노화가 어려워진다.

  이와 같이 α-화된 전분에 물을 부으면 β-전분과 달리 미셀이 없으므로 쉽게 물이 침투하여 전분을 둘러싸므로 가열하지 않아도 호화 상태가 된다. α화 식품으로는 라면 · 건빵 · 건조밥 · 냉동미 등을 들 수 있고, 또한 고온에서 처리한 비

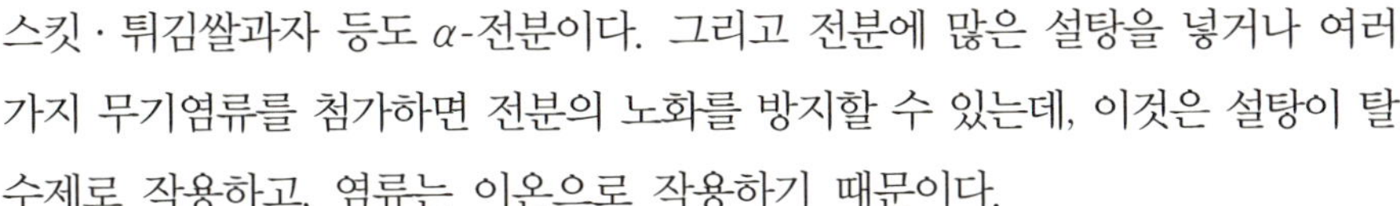

스킷 · 튀김쌀과자 등도 α-전분이다. 그리고 전분에 많은 설탕을 넣거나 여러 가지 무기염류를 첨가하면 전분의 노화를 방지할 수 있는데, 이것은 설탕이 탈수제로 작용하고, 염류는 이온으로 작용하기 때문이다.

- 냉동 : 전분의 노화는 0℃보다 온도가 낮아져 -30~-20℃에 이르면 노화가 거의 일어나지 않는다. 그리하여 α화된 식품의 노화를 억제하기 위해 빙점 이하에서 냉동 · 건조시키는 방법이 채택되고 있으며, 이러한 방법을 이용한 식품으로는 냉동건조미 등이 있다.
- 설탕의 첨가 : 설탕은 수용액 안에서는 수화가 되기 때문에 탈수제로서 작용하며, 따라서 설탕은 그 농도가 클 때는 전분 현탁액에서 전분의 침전을 억제하는 효과를 갖는다. 따라서 설탕은 그 농도가 클 때는 전분 현탁액에서 전분의 침전을 억제하는 효과를 갖는다. 즉 전분식품 속 설탕의 농도가 클수록 그 탈수작용에 의해 전분의 유효 수분함량은 감소되며, α-전분의 경우 노화는 잘 일어나지 않는다.
- 유화제의 사용 : 유화제는 전분의 교질 용액의 안정도를 증가시켜 주므로 전분 분자의 침전이나 부분적인 결정질 영역의 형성을 억제해 주며, 결과적으로 노화를 방지하는 데 효과가 있다. 특히 식품 중에 빵이나 과자류의 노화를 방지하는 데 큰 효과가 있는 것으로 알려지고 있다.

○ 전분의 호정화

전분을 수분첨가 없이 고온, 즉 150~190℃ 정도로 가열하면 전분 분자 자체의 수분에 의해 가용성의 덱스트린이 생성된다. 이러한 과정을 호정화라고 한다.

○ 전분의 캐러멜화

당류를 가열하여 녹는 점 이상이 되면 점조성의 적갈색 물질로 변하는 현상을 캐러멜화라 하고, 이 색소를 캐러멜이라 한다. 자당을 가열하면 갈색의 캐러멜이 된다. 이 갈색 물질은 식품가공 시 독특한 향미와 색을 준다. 자당은 160~180℃, 포도당은 147℃에서 분해되기 시작하고, 캐러멜화는 pH 5.5~6.2에서 가장 잘 일어난다.

2 덱스트린

덱스트린은 전분을 묽은 산 또는 효소로 가수분해할 때 생성되는 전분의 가수분해 중간 산물로, 전분이 가수분해 될 때 그 진행 정도에 따라 아밀로덱스트린 · 에리트로덱스트린 · 아크로덱스트린 · 말토덱스트린 등이 만들어지며, 나중에는 맥아당과 포도당이 된다. 덱스트린은 일반적으로 물에 녹고, 전분처럼 겔을 형성하지 않으며, 단맛이 있다. 물엿에는 약 40%의 덱스트린이 들어 있다.

3 섬유소

섬유소는 자연계에 널리 분포되어 있는 다당류인데, 주로 식물성 세포막이 주성분을 이루며, 어린잎에는 약 10%, 목재에는 약 50%, 솜에는 약 90% 이상의 섬유소가 들어 있다. 섬유소의 구조는 포도당이 β-1, 4 결합에 의해 직쇄상으로 연결되어 있다.

초식동물은 사료 중의 섬유소를 장 내의 세균에 의해 분해하여 일부 흡수 · 이용하고 있다. 그러나 사람은 이것을 소화시키는 효소가 없기 때문에 영양적인 가치는 없으나 장의 운동을 자극하여 변통을 좋게 하는 효과가 있다.

근래에는 섬유소를 염산으로 분해하여 결정섬유소를 만들어 식품첨가물로 이용하고 있다. 즉 결정섬유소는 소화되지 않고 염색이 잘되며 보향성이 좋기 때문에 저칼로리 식품을 만들 때 넣거나, 착색안료를 만들어 식품을 착색시킨다.

또한 휘발성이 강한 향기를 흡착 · 유지시키는 데에도 이용한다. 섬유소의 β-1, 4 결합은 수분 존재 하에 가열하면 가수분해되며 산, 알칼리 또는 섬유소 가수분해효소에 의해서 가수분해되어 β-1, 4 포도당을 형성한다.

4 글리코겐

글리코겐은 동물의 저장 탄수화물로 간장 · 근육에 많으며, 조개류 · 효모 · 미생물에도 들어 있다. 글리코겐의 구조는 아밀로펙틴과 비슷하나 가지가 더 많고 길이는 더 짧다.

구성단위는 포도당만으로 되어 있으며, α-포도당이 α-1, 4 결합으로 이어진 중합체나 포도당 8~16개마다 α-1, 6 결합을 가지므로 분자 형태는 공과 같은 구형을 갖는다.

요오드와 반응하여 적갈색을 나타내므로 청색의 정색반응은 일으키지 않으며, 호

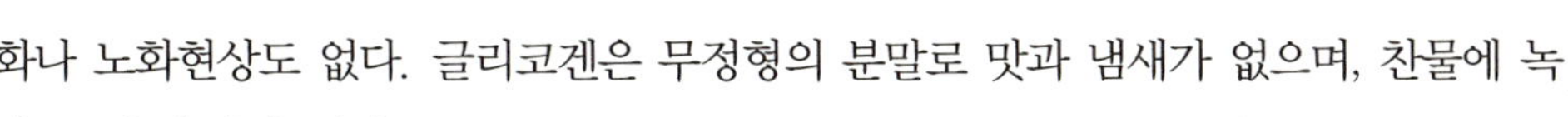

화나 노화현상도 없다. 글리코겐은 무정형의 분말로 맛과 냄새가 없으며, 찬물에 녹아 교질 용액이 된다.

5 이눌린

이눌린은 돼지감자, 다알리아의 뿌리, 백합 뿌리 등에 들어 있는 다당류로 과당이 다수 결합된 것이다. 사람에게는 이눌린을 분해하는 소화효소가 없기 때문에 식품으로서의 가치는 없으나 과당의 제조 원료로 쓰인다.

6 글루코만난

글루코만난은 만난이라고도 하며, 포도당과 만노오스가 약 1 : 2로 결합된 것이다. 인체에 거의 흡수되지 않기 때문에 저칼로리 식품의 원료로 사용된다.

7 덱스트란

α-글루코오스가 α-1, 4 결합으로 연결된 다당류로서 루코노스톡에 속하는 세균이 설탕 또는 과당을 소비하여 걸쭉한 덱스트란을 생성한다. 김치를 담글 때 설탕을 많이 넣으면 덱스트란이 많이 생성되어 국물이 걸쭉해진다.

(3) 복합다당류

1 한천

한천은 홍조류인 우뭇가사리에서 추출된 다당류로 갈락토오스로 된 복합다당류 갈락탄이다. 한천은 홍조류를 건조한 후 뜨거운 물에 녹여 동결 건조시켜서 만든다. 겔 형성력이 좋은 아가로오스와 아가로펙틴의 두 성분으로 되어 있다. 한천은 고온에서 잘 견디고 겔 형성능력이 강하기 때문에 빵이나 과자류의 안정제로 사용되고 젤리의 원료 등에 이용된다. 미생물 배양 배지에서 고체 상태를 유지시키기 위해서도 사용되며, 사람은 한천을 소화할 수는 없으나 물을 흡수하면 팽창하기 때문에 장을 자극하여 변통을 좋게 하는 효과가 있다.

2 펙틴 물질

펙틴 물질은 식물의 뿌리, 과일이나 해조류 등에 함유되어 있으며, 식물조직의 세포벽이나 세포막 사이에 물질을 결착시켜 주는 물질로 작용하여 벽돌 사이의 시멘트 같은 역할을 하므로 채소류나 과실류의 가공·저장 중의 조직이나 신선도를 유지하는 역할을 한다. 펙틴 물질은 분자 내 친수성기가 많아 물분자에 의해 수화되는 힘이 강해서 과즙 속의 수분에 의해 분산되어 교질 용액을 형성한다.

① 펙틴 물질의 구조와 종류

펙틴 물질의 기본구조는 α-D-갈락투론산이 α-1, 4 결합으로 연결된 직선상 고분자이며, α-나선상의 형태를 갖고 있다. 각 유기산기는 유리산, 나트륨·칼슘의 염, 메틸에스테르 등의 형태를 갖고 있다. 펙틴 물질의 종류에는 프로토펙틴, 펙트산, 펙틴산 등이 있으며, 그 내용은 다음과 같다.

- 프로토펙틴 : 덜 익은 과일에 있으며, 펙틴의 모체로 과실류나 채소류에서는 익어감에 따라 효소작용에 의해 펙틴 등으로 가수분해된다.
- 펙트산 : 과숙한 과일에 있으며, α-갈락투론산의 중합체로 찬물에 녹지 않는다.
- 펙틴산 : 그 분자 속의 유기산기의 일부가 메틸에스테르의 형태로 되어 있으며, 물과 교질 용액을 형성한다.
- 펙틴 : 수용성 펙틴산으로 메틸에스테르의 함량 및 중화도가 다양하며, 당과 산의 존재 하에서 겔을 형성한다. 사과·감귤류·사탕무 등에는 특히 그 함량이 많다. 펙틴은 pH 3.0~3.5 및 50% 이상의 당과 함께 가열하면 젤리화하는 성질이 있으므로 잼이나 젤리 및 마멀레이드를 만드는 데 이용한다.

② 펙틴겔의 형성

펙틴은 물속에서 친수성 교질 용액을 만들며, 특히 충분한 유기산과 충분한 양의 당이 존재할 때에는 반고체인 겔 또는 젤리를 형성한다. 그러므로 잼, 젤리의 겔화는 펙틴의 농도, pH, 당 함량에 의해 영향을 받는다.

3 헤미셀룰로오스

헤미셀룰로오스는 화학구조나 성분은 규명되어 있지 않으나 식물의 세포막 성분 중에서 셀룰로오스를 뺀 여러 가지 다당류의 혼합물이다. 헤미셀룰로오스는 알칼리에 잘 녹으며 비섬유상이고, 무정형 물질로 존재한다. 셀룰로오스는 가수분해하면 포도당을 생성하지만, 헤미셀룰로오스는 크실로오스를 생성한다.

4 키틴

키틴은 새우 · 게 등의 껍질에 존재하는 단단한 갑각질 성분이다. 최근에는 이 키틴을 이용하여 여러 가지 생리활성효소로 인정되는 키토산을 만들어 건강보조식품 등 여러 용도로 이용하고 있다. 그러나 비용이 많이 들어 최근에는 미생물을 배양하여 키토산을 생산하는 연구를 하고 있다. 키토산은 효소 및 균체의 과정화제, 금속이온의 착화합물제, 점도조절제, 접착제, 응집제로 이용되어 왔는데, 최근에는 항균활성, 항암성, 면역활성, 콜레스테롤 저하 등의 효과가 보고되어 그 이용이 증가되고 있다.

5 알긴산

미역이나 다시마와 같은 갈조류의 세포막 성분의 다당류이며, 갈조류에서 추출된 알긴은 알긴산의 염이다. 아이스크림이나 냉동과자의 안정제로 쓰인다.

6 아라비아검

아라비아검은 아카시아과의 수액에 들어 있는 다당류로 주로 칼슘 · 마그네슘 · 칼륨과 염을 만들고 있으며, 강한 겔을 만드는 성질이 있어 과자류 제조에 안정제로 쓰인다.

7 카라긴난

카라긴난은 홍조류에 들어 있는 다당류로 세포벽의 구성성분이다. 단백질 분자 등과 반응하면 점도가 증가하고, 겔을 만들어 유탁액이나 현탁액을 안정화하는 작용이 있다. 그러므로 잼 · 젤리 · 아이스크림 · 기름의 유화 등에 안정제로 쓰인다.

Practice 연습문제

01 탄수화물의 기능에 대해 알아봅시다.

02 케톤증에 대해 알아봅시다.

03 환원당과 비환원당에 대해 알아봅시다.

04 6탄당에 대해 알아봅시다.

05 과당의 성질에 대해 알아봅시다.

06 이당류에 대해 알아봅시다.

07 전분의 특징에 대해 알아봅시다.

08 전분의 호화 단계에 대해 알아봅시다.

09 전분의 노화에 영향을 미치는 요인에 대해 알아봅시다.

10 펙틴의 물질 구조와 종류에 대해 알아봅시다.

단백질

01. 단백질이란

단백질은 생명유지에 필수적인 영양소로서 효소, 호르몬 항체 등의 주요 생체기능을 수행하고 근육 등의 체조직을 구성한다. 단백질은 살아 있는 수많은 세포에서 수분 다음으로 풍부하게 존재하므로 식이를 통해 체내에서 필요한 단백질을 규칙적으로 공급해 주는 일은 건강유지에 필수적이다. 분자량이 수천에서 수백만에 이르는 거대 분자인 단백질은, 식이섭취 후 소화과정을 거쳐 구성단위인 아미노산으로 분해된 후 흡수되어 체내에서 이용된다.

단백질의 구성단위인 아미노산들은 강한 공유결합인 펩티드결합으로 연결되어 있으며 최소한 100여 개의 아미노산으로 구성되어 있다. 즉 단백질은 수많은 아미노산의 연결체이며 다른 영양소에 비해 매우 큰 분자이다. 아미노산은 탄소, 수소, 산소, 질소로 구성되며, 일부 아미노산은 황을 함유하고 있다. 단백질은 질소를 가지고 있

그림 5•1

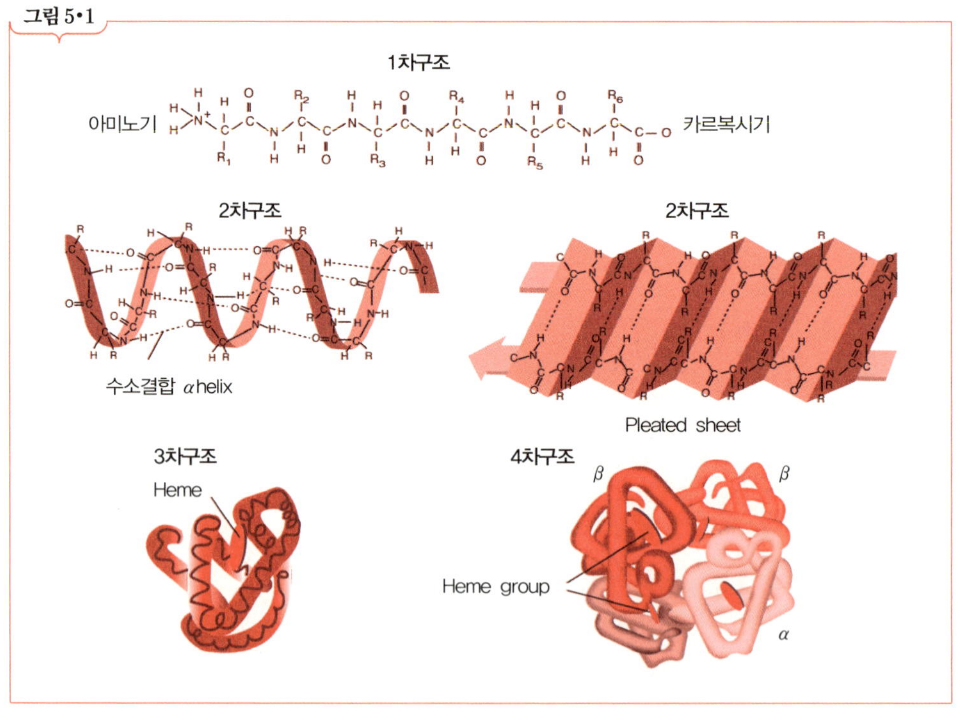

단백질의 구조

는 것 외에도 분자구조의 변화가 매우 많고 복잡한 것이 특징이다. 천연에 총 20개의 L-아미노산들이 식이 및 조직 단백질을 구성한다.

Protein은 그리스어의 proteios(중요한 것)에서 유래된 것이다. 단백질은 생물체의 몸의 구성성분으로서, 또 세포 내의 각종 화학반응의 촉매역할을 담당하는 물질로서, 그리고 항체를 형성하여 면역을 담당하는 물질로서 대단히 중요한 유기물이다.

단백질의 기능

- 뼈, 근육의 대부분을 구성 : 결합조직, 인대, 모발, 손톱, 발톱, 치아 등
- 생명활동의 조절과 항상성의 유지 : 인슐린, 글루카곤 등의 호르몬 구성
- 생화학 반응속도를 증가시키는 촉매역할 : 효소 구성
- 질병으로부터 방어 : 항체 면역체, 혈액응고 단백질 형성
- 산소 및 영양소 운반 : 혈액과 세포막의 운반 단백질
- 체액의 평형유지 : 혈장단백질인 알부민이 혈장의 삼투압을 유지하여 수분을 혈관 내로 재이동시킴으로써 혈장과 세포 간의 수분 평형을 유지한다. 그러므로 혈장단백질인 알부민이 부족하게 되면 혈장의 삼투압이 떨어지면서 수분이 혈관 내로 원활하게 회수되지 못하기 때문에 세포조직 사이에 수분이 잔류되어 부종이 생기게 된다.
- 체액의 산 · 염기 조정 : 아미노산은 자체 내에 염기성기(아미노기)와 산성기(카르복시기)를 둘 다 가지고 있어 산 · 염기 양쪽의 역할을 다 할 수 있는 성질이 있으므로 체액의 정상 산도(pH 7.4)를 유지시키는 완충제로 작용한다.
- 1g당 4kcal의 에너지 공급 : 에너지원으로 사용되는 것은 바람직하지 않다.

02. 아미노산

아미노산은 단백질의 기본단위 화합물로, 한 분자 내에 아미노기와 카르복실기를 가지는 화합물이다. 카르복실기가 결합되어 있는 탄소 위치를 기점으로 하여 아미노기가 결합하는 탄소의 위치에 따라 α-, β-, γ-아미노산이라 부른다. 천연단백질은 대

부분 α-아미노산으로 구성되어 있다.

아미노산은 측쇄(곁사슬) 구조가 수소인 글리신을 제외하고는 모든 아미노산의 α-탄소가 비대칭 탄소원자이므로 L-형과 D-형의 두 입체 이성체가 생기게 된다. 입체적인 사면체로 생각하여 상단에 카르복실기를 배치하고 하단에 측쇄를 배치한 구조에서 아미노기가 오른쪽에 있는 것을 D-형, 왼쪽에 있는 것을 L-형이라고 한다. 식품에 함유되어 있는 유리 아미노산이나 단백질을 구성하는 아미노산은 α-L-아미노산이다.

그림 5•2

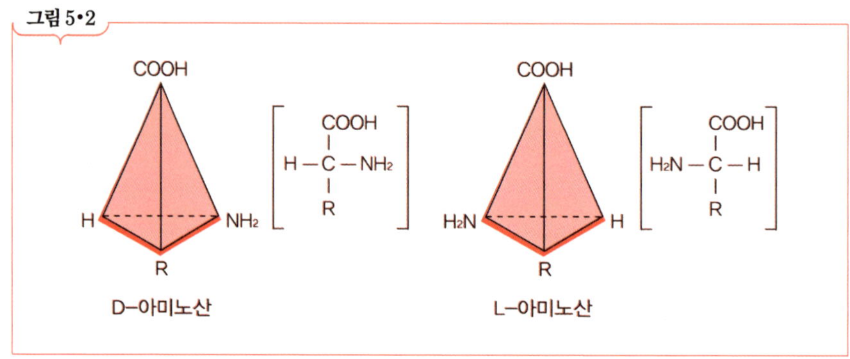

α–L–아미노산의 구조

1) 아미노산의 구조

단백질에서 볼 수 있는 20종류의 아미노산은 모두 같은 탄소원자에 결합되어 있는 1개의 카르복실기와 1개의 아미노기 그리고 수소와 R가를 가지고 있다. R기는 단순히 수소일 수도 있고(glycine의 경우) 또는 복잡한 화학기 구조일 경우도 있으며, 아미노산의 특유한 화학적 특성을 나타내는 곁가지인 R 부분이 아미노산의 형태와 이름을 결정한다.

아미노산은 체내 합성 여부에 따라 필수아미노산과 비필수아미노산으로 분류된다. 필수아미노산은 체내에서 합성되지 않거나 충분한 양이 합성되지 않으므로 식사를 통해 반드시 섭취해야 하는 아미노산이다. 종류로는 히스티딘, 이소류신, 류신, 리신, 페닐알라닌, 메티오닌, 트레오닌, 트립토판, 발린이 있다.

2) 아미노산의 종류

단백질을 구성하는 아미노산은 약 20여 종이며, 이들은 측쇄의 화학구조에 따라 분류된다. 즉, 중성 아미노산, 산성 아미노산, 염기성 아미노산으로 나눌 수 있으며 중성 아미노산은 탄화수소기를 가진 지방족 아미노산, 벤젠기를 가진 방향족 아미노산과 곁가지를 가진 곁가지 아미노산으로 세분된다. 이 외에도 분자 중에 함유된 원자단의 특징에 의해 유황원자를 가지는 함황 아미노산, 수산기를 가지는 히드록시 아미노산, 아미노기를 가지는 아미노산 등으로 분류되기도 한다.

그림 5•3

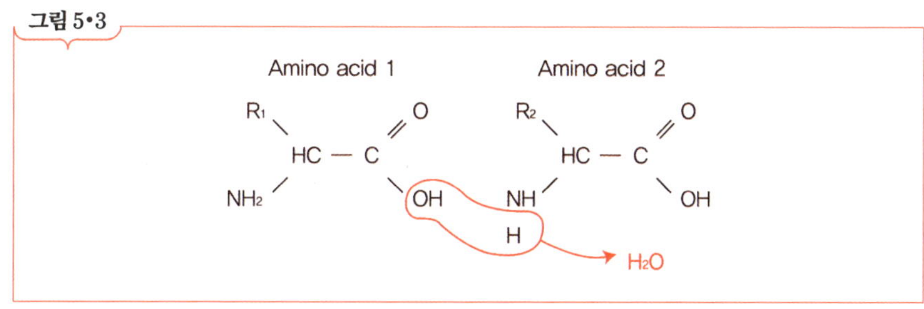

아미노산의 구조

3) 아미노산의 분류

단백질을 구성하는 약 20개의 아미노산 중에서 발린, 류신, 이소류신, 트레오닌, 리신, 메티오닌, 페닐알라닌, 트립토판의 8개 아미노산은 필수아미노산으로, 성인의 경우 인체의 단백질 형성에 필요하나 체내에서 합성되지 않아 반드시 식품으로부터 섭취해야 한다. 이 외에 아르기닌과 히스티딘은 성장발육기의 어린이와 회복기 환자에게 필요한 필수아미노산이다.

4) 아미노산의 성질

(1) 용해성

아미노산은 일반적으로 물과 같은 극성 용매와 묽은 산이나 알칼리 및 염류 용액에 는 잘 녹으나 에테르, 클로로포름, 아세톤 등과 같은 비극성 유기용매에는 잘 녹지 않는다. 그러나 티로신과 시스테인은 물에 잘 녹지 않는다. 한편, 대부분의 아미노산은 알코올에 녹지 않으나 프롤린과 히드록시프롤린은 알코올에 잘 녹는다.

(2) 양성 전해질 및 등전점

아미노산은 한 분자 내에 알칼리로 작용하는 아미노기와 산으로 작용하는 카르복실기를 동시에 가지고 있으므로 양성 물질이라 한다. 또한, 아미노산은 수용액 중에서 음이온과 양이온으로 해리되어 분자 내에 염을 형성, 양성이온의 상태로 존재하므로 이와 같은 화합물을 양성 전해질이라고 한다. 따라서 아미노산이 물에 녹으면 카르복실기는 수소이온을 방출하여 음이온으로, 아미노기는 수소이온을 받아들여 양이온으로 해리되어 양이온과 음이온의 양전하를 갖는 양성이온을 형성하는 성질이 있다.

아미노산은 어떤 특정한 pH에서 양전하의 합과 음전하의 합이 같게 되어 그 분자의 전하가 0이 되므로 전기장 내에서 어느 전극으로도 이동하지 않는다. 이때의 pH 값을 등전점이라고 한다. 아미노산들의 등전점은 구조와 해리상수가 다른 측쇄들의 차이로 인해 다르나 일반적으로 중성 아미노산의 등전점은 pH 7 부근의 약산성에, 산성 아미노산은 산성 쪽에, 염기성 아미노산은 알칼리성 쪽에 있다.

등전점에서 아미노산은 양전하와 음전하의 크기가 같아 침전되기 쉬우며, 따라서 용해도, 점도 및 삼투압은 최소가 되고 흡착성과 기포성은 최대가 된다.

(3) 자외선 흡수성

단백질을 구성하는 아미노산 중 방향족 아미노산인 티로신, 트립토판, 페닐알라닌은 자외선을 흡수하여 이들의 최대 합수파장은 각각 274.5, 278, 260nm이다. 거의 모든 단백질에는 이들 방향족 아미노산이 함유되어 있으므로 280nm 파장에서 흡광도를 측정하여 수용액 중의 대략의 단백질 함량을 알 수 있다.

(4) 맛

일반적으로 단백질은 타우마틴 등 특이한 경우를 제외하고는 아무 맛이 없으나 그

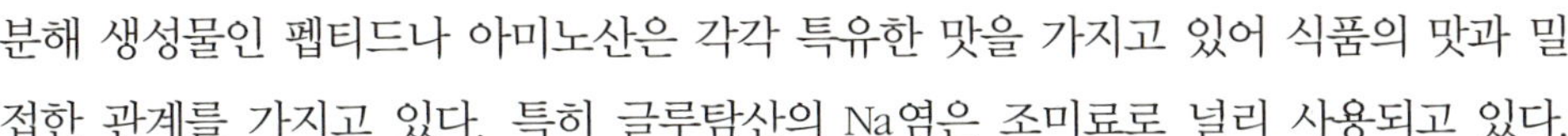
분해 생성물인 펩티드나 아미노산은 각각 특유한 맛을 가지고 있어 식품의 맛과 밀접한 관계를 가지고 있다. 특히 글루탐산의 Na염은 조미료로 널리 사용되고 있다.

(5) 아미노산의 화학적 반응

아미노산의 화학적 반응은 아미노산의 기능기, 즉 카르복실기, 아미노기, 측쇄(R)에 있는 기능기의 반응 등 여러 가지가 있으나 식품화학에서 중요한 대표적인 화학반응은 다음과 같다.

- 카르복실기 제거반응(탈탄산반응) : 아미노산에서 카르복실기가 제거되면 아민이 생성되는 반응으로 미생물, 특히 부패세균에 의해서 일어난다. 예를 들면, 동물체 내에서 히스타민은 히스티딘의 카르복실기가 제거되어 형성된 것으로 위장의 산 분비를 증진시키고 알레르기반응에 관여한다.
- 알데히드와의 반응 : 아미노산의 α-아미노기는 알데히드와 축합하여 Schiff 염기를 만드는데, 이 반응은 비효소적 갈변반응인 마이얄반응의 첫 번째 단계이다.
- 닌하이드린과의 반응 : 아미노산은 닌하이드린과 반응하여 암모니아, 탄산가스, 알데히드를 생성한다. 이때 생성된 암모니아는 산화형 및 환원형 닌하이드린과 반응하여 570nm에서 흡광도를 갖는 청자색의 화합물을 만든다. 이 반응은 아미노산의 정성과 정량에 널리 이용된다.

03. 단백질

【3.1】 단백질의 구조와 변성

1) 펩티드결합

아미노산은 펩티드결합에 의해 단백질을 구성한다. 펩티드결합이란 한 아미노산의 카르복실기와 다른 아미노산의 아미노기가 물 한 분자를 내놓으면서 결합된 것을 말한다. 대부분의 단백질은 적어도 500개 이상, 수백, 수천 개의 아미노산으로 구성되어 있으므로 폴리펩티드라고 부른다. 펩티드결합은 소화되는 동안 산, 효소, 기타 요인들에 의해 아미노산으로 분해될 수 있다.

2) 단백질의 구조

2개의 아미노산이 결합되면 디펩티드, 3개의 아미노산이 결합되면 트리펩티드라 한다. 수많은 아미노산이 고유한 유전정보에 따라 펩티드결합으로 연결되어 특정한 서열을 갖는 사슬구조를 단백질의 1차 구조라 한다. 또한 폴리펩티드 사슬 내에 또는 사슬 간에 수소결합이나 이황화결합에 의해 알파-헬릭스 구조를 형성하는 것을 단백질의 2차 구조라고 한다. 단백질의 3차 구조는 3차원적 입체구조로서 섬유형 단백질 또는 구형 단백질을 만드는 구조를 말한다. 단백질의 4차 구조는 3차 구조의 폴리펩티드가 2개 또는 여러 개 중합되어 단백질을 이룬 것을 말한다.

3) 단백질의 변성

가열, 산 혹은 기계적인 작용으로 단백질 분자의 구조적인 배열, 즉 수소결합, S-S 결합 등이 깨어질 수 있다. 이와 같이 자연 상태의 단백질이 그의 특유한 기능적 형태를 잃고 변화되는 것을 변성이라고 하며, 대표적인 예로는 달걀 흰자위를 가열할 때 생기는 알부민의 변성이다. 단백질이 변성되면 3차원 입체구조가 깨지게 되어 단백질의 정상적인 생리적 기은을 수행할 수 없게 된다.

그러나 인체는 이런 현상을 유리하게 이용하여, 식품이 위에 들어가면 위액에 의해 단백질이 변성되는데, 이 과정을 통해 식품은 소화하기에 좋은 상태로 바뀐다. 또 단백질 식품은 대부분 가열하여 익혀서 먹는데, 이 과정에서도 단백질의 변성이 일어난다. 변성된 단백질은 더 이상 정상적 기능을 할 수 있는 형태를 가지고 있지 않으므로 단백질로 된 효소나 호르몬을 섭취해도 위 속에서 변성과 소화가 일어나면 그 기능을 잃게 된다.

【3.2】 단백질의 분류

단백질은 구조적 특징에 따라 섬유상 단백질과 구상 단백질로, 출처에 따라 식물성 단백질, 동물성 단백질, 저장단백질, 방어단백질, 효소단백질 등으로, 조성에 따라 단순단백질 · 복합단백질 · 유도단백질 등으로 분류한다.

단백질은 동물성 식품과 식물성 식품에 모두 함유되어 있다. 식품 속에 들어 있는 단백질은 기능 · 분자량 · 형태에 따라 분류될 수도 있으나 일반적으로 화학적 분류법과 영양적 분류법에 따라 분류한다.

1) 화학적 분류

화학적 구성성분에 의한 방법에는 단순단백질 · 복합단백질 · 유도단백질로 나눌 수 있다.

(1) 단순단백질

단순단백질은 가수분해에 의해 단순히 아미노산과 그 유도체를 생성하는 것으로서 아미노산만으로 구성되어 있으며, 비교적 구조가 간단한 단백질이다. 난백 · 혈청 · 우유 중의 알부민이나 밀의 글루테닌, 또 동물의 결합조직 주성분인 알부미노이드 등이 이에 속한다.

① 알부민

물, 묽은 산, 묽은 알칼리, 염류 용액에 잘 녹는 단백질로서 가열하거나 알코올에 의해 응고된다. 비교적 분자량이 적은 단백질로 모든 동 · 식물체에서는 수용액 상태로 존재하고, 75℃에서 응고되며, 특히 약산성에서 응고되기 쉽다. 동물성 식품으로는 달걀의 오보알부민, 우유의 락토알부민, 혈청의 혈청알부민, 근육의 미오겐 등이 있고, 식물성 식품으로는 보리의 루코신, 콩류의 레구멜린 등이 여기 속한다.

② 글로불린

물에는 녹지 않고, 염류의 용액이나 묽은 산, 묽은 알칼리 용액에는 잘 녹는다. 가

열에 의해 응고되며, 동·식물성 식품에 많이 존재한다. 동물성 식품으로는 유즙의 락토글로불린, 근육의 미오신과 액틴, 난백의 라이소자임, 오보글로불린, 혈청글로불린 등이 있고, 식물성 식품으로는 대두의 글리시닌, 땅콩의 아라킨 등이 있다.

③ 글루테닌

묽은 산이나 알칼리 용액에 잘 녹으며, 물이나 중성 염류의 용액에는 녹지 않는다. 주로 식물성 식품 중에서도 곡류에 존재한다. 보리의 호르데닌, 쌀의 오리제닌, 밀의 글루테닌 등이 있다.

④ 프롤라민

70~80% 알코올 용액에 잘 녹으며, 물이나 중성 염류에는 녹지 않는다. 프롤라민은 주로 곡류 중에만 존재하며, 다량의 프롤린과 글루탐산을 함유한 단백질이다. 옥수수의 제인, 밀의 글리아딘, 보리의 호르데닌 등이 있다.

⑤ 프로타민

묽은 산이나 물에 잘 녹으며, 비교적 저분자 상태로 아르기닌을 다량 함유하는 강한 염기성 단백질이다. 가열에 의해서도 응고되지 않으며, 식물성 식품에는 없고 동물성 식품에만 존재한다. 청어·연어·고등어 등 어류의 정자에 있다.

⑥ 히스톤

묽은 산이나 물에 잘 녹으며, 리신과 아르기닌을 다량 함유하고 있는 염기성 단백질로서 핵산과 결합하고 있으며, 열에 의해 응고하지 않는다. 피크르산에 의해 침전되며, 주로 동물체와 정자의 핵조직 중에 존재한다.

⑦ 알부미노이드

섬유상 단백질로서 경단백질이라고도 한다. 물이나 유기용매에 녹지 않으며, 단백질 분해효소의 작용도 받기 어렵다. 동물체에만 존재하며, 주로 조직을 형성하여 몸을 보호하는 작용을 하는 단백질이다. 구상하고 있는 아미노산으로는 그라이신과 프

롤린이 많이 함유하고 있으나 트립토판 · 티로신 · 시스테인 등이 없기 때문에 영양적인 가치는 낮다. 콜라겐, 엘라스틴, 케라틴, 피브로인 등이 있다. 콜라겐은 물을 가하여 오랫동안 가열하면 유도단백질인 가용성의 젤라틴으로 변한다.

(2) 복합단백질

아미노산 이외의 성분들인 지질 · 탄수화물 · 인 등이 포함된 단백질들이며, 생체의 세포 내에 함유되어 생리적으로 중요한 활성을 지닌다. 복합단백질은 단순단백질과 단백질 이외의 물질이 결합한 것이다.

① 인단백질

단순단백질에 인산이 결합한 상태로서 단백질 중의 세린의 수산기에 인산이 에스테르결합을 하고 있다. 자연 상태에서는 칼슘염으로 존재하는 산성 단백질로 묽은 알칼리 용액에 잘 녹는다. 식물성 식품 중에는 거의 없고, 동물성 식품에 많이 존재한다. 유즙의 카세인, 난황의 비텔린, 난황의 비텔리닌 등이 있다.

② 지단백질

단순단백질에 지방질이 결합되어 있는 것으로 지방질 부분은 종류에 따라서 질과 양이 각각 다르나 레시틴 · 세팔린 등의 인지질이 많다. 난황의 리포비텔린 등이 있다.

③ 핵단백질

핵산과 단순단백질이 결합된 것으로서 세포핵 중에 주로 존재한다. 단백질과 핵산이 결합된 복합단백질이다. 동 · 식물세포의 주성분이며, 식품의 맛과 관련이 있다. 동물체의 흉선, 정액, 어류의 정자, 식물체의 배아, 효모, 세균 등에 함유되어 있다.

④ 당단백질

단순단백질에 탄수화물 또는 그 유도체가 결합한 것으로서 탄수화물이 비교적 많다. 조직이나 장 내의 윤활작용과 동 · 식물세포 및 조직의 보호작용을 한다. 뮤신, 뮤코이드, 오보뮤코이드 등이 있다.

⑤ 색소단백질

단백질과 색소가 결합된 복합단백질로 산소운반 · 호흡작용 · 산화환원작용에 관여를 한다. 헤모글로빈, 미오글로빈, 시토크롬, 필로클로린, 로돕신, 헤모시아닌, 카탈라아제 등이 있다.

⑥ 금속단백질

금속이 결합된 단백질이다. 철단백질은 페리틴이 있고, 구리단백질로는 티로시나아제 · 폴리페놀옥시다아제 · 아스코르비나아제 등이 있으며, 아연단백질로는 인슐린이 있다.

(3) 유도단백질

자연에 존재하는 단백질이 물리적 작용이나 화학적 작용 또는 효소의 작용에 의해 변성 · 분해 등의 변화를 받은 것으로써 그 변화된 정도에 따라서 제1차 유도단백질과 제2차 유도단백질로 나눈다. 유도단백질은 단순단백질 또는 복합단백질이 산 · 알칼리 · 효소 등의 작용이나 가열 등에 의하여 만들어진 것을 말한다.

① 제1차 유도단백질

산, 알칼리, 기타 화학물질들, 효소, 가열 등에 의해서 약간 변성된 것으로서 일명 변성단백질이라고도 한다.

- 파라-카세인 : 유즙의 카세인이 효소에 의해 응고되어 생긴 것이다.
- 젤라틴 : 콜라겐을 물과 함께 장시간 끓이면 뜨거운 물에는 녹고, 찬 물에 녹지 않는 젤라틴이 얻어진다.
- 프로틴 : 물에 잘 녹는 단백질이 산 · 알칼리 · 가열 등에 의해서 물에 녹지 않게 된 단백질을 말하며, 대부분 가공식품들의 단백질이 이에 속한다.
- 메타프로테인 : 단백질이 산이나 알칼리에 의해 다소 그 구조가 변성된 것으로써 열에 의해 응고되지 않으며, 묽은 산이나 묽은 알칼리 용액에는 녹지만, 중성 용액에서는 불용성이다.

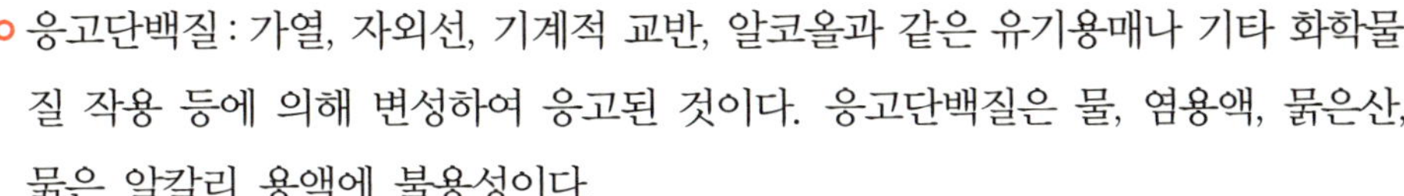

- 응고단백질 : 가열, 자외선, 기계적 교반, 알코올과 같은 유기용매나 기타 화학물질 작용 등에 의해 변성하여 응고된 것이다. 응고단백질은 물, 염용액, 묽은산, 묽은 알칼리 용액에 불용성이다.

② 제2차 유도단백질

제1차 유도단백질보다 변성이 더욱 진행된 것으로써 단백질이 가수분해되어 아미노산이 되기까지의 중간생성물을 말하며, 분해단백질이라고도 한다.

- 1차 프로테오스 : 물에 녹고 열에 의해 응고하지 않는다. 진한 질산에 침전하고 황산암모늄에는 반포화 용액에 의해서 침전된다.
- 2차 프로테오스 : 1차 프로테오스보다 더 분해된 것으로, 물에 녹고 열에 의해 응고하지 않으며 황산암모늄의 포화로 침전된다,
- 펩톤 : 프로테오스가 더 분해된 것으로 분자량이 더 작은 분해생성물이다.
- 펩티드 : 단백질의 가수분해가 가장 많이 진행된 분자량이 가장 작은 유도단백질이다.

그림 5•4

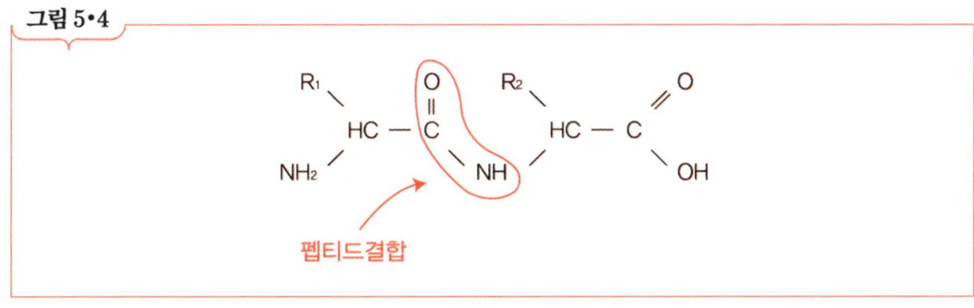

펩티드결합

2) 단백질의 종류와 질 평가

(1) 단백질의 종류

① 완전단백질

필수아미노산 조성이 체내 단백질 합성에 적합한 비율로 조성되어 인체의 성장과

유지에 효율이 높은 양질의 단백질을 말하며, 유즙과 계란에 함유된 단백질의 아미노산 조성은 체조직 합성에 가장 효율성이 높아 이에 속한다.

② 부분적으로 불완전한 단백질

동물의 성장을 돕지는 못하나 생명을 유지시키는 단백질로서 필수아미노산 중 몇 종류의 양이 충분하지 못하므로 다른 단백질 식품을 통한 필수아미노산의 보완이 필요하며 식물성 단백질이 이에 속한다.

- 제한아미노산: 단백질이 충분히 높은 영양가를 가지기 위해서는 필수아미노산 상호간의 비율이 일정한 범위 내에 있어야 한다. 만일 단 하나라도 필요량보다 적으면 다른 필수아미노산이 충분해도 그 적은 아미노산 때문에 영양가가 억제되고 만다. 이와 같은 아미노산을 제한아미노산이라고 한다.
- 단백질 상호보완 효과: 필수아미노산 조성이 다른 2개의 단백질을 함께 섭취하여 서로의 제한점을 보충하는 것을 단백질의 상호보완 효과라 한다. 콩밥의 경우, 쌀은 콩에 부족한 메티오닌을 보강해 주고 콩은 쌀에 부족한 리신을 공급하여 두 식품의 단백질을 모두 효율적으로 활용할 수 있게 된다.

③ 불완전단백질

1개 이상의 필수아미노산의 함량이 극히 부족한 단백질로서 장기간 섭취 시 동물의 성장이 지연되고 체중이 감소되며 몸이 쇠약해진다. 옥수수의 제인이나 동물성 단백질 중 젤라틴이 이에 속한다.

【3.3】 단백질의 성질

1) 분자량

단백질은 고분자 화합물로서 다른 유기 화합물에 비해 큰 수만~수백만에 이르는 분자량을 가지므로 셀로판 등의 반투막을 통과하지 못하며, 물에 녹으면 콜로이드(교질) 용액을 형성한다.

2) 용해성

단백질이 용매에 녹으면 식염이나 설탕이 물에 녹아 진용액을 만드는 것과는 달리 용매 중에 분산되어 점조한 교질 용액이 된다.

단백질은 분자 중에 물과 결합할 수 있는 친수성기를 가지고 있어, 이들이 물과 수소결합을 하여 수화됨으로써 용해된다. 단백질에 결합되는 물의 양은 단백질의 농도, 다른 이온들의 물에 대한 경쟁 및 용액의 pH 등에 따라 결정된다.

대부분의 단백질은 묽은 중성 염류 용액에 잘 녹는데, 이 현상을 염용효과라고 한다. 이것은 중성염의 해리로 생성된 이온이 단백질 분자의 이온화된 기능기와 작용함으로써 단백질 분자 사이의 인력을 감소시키기 때문이다. 그러나 중성 염류의 농도가 높을 때는 염과 단백질이 물에 대해 경쟁하기 때문에 단백질은 침전되는데, 이를 염석효과라 한다.

3) 등전점

단백질은 폴리펩티드이므로 유리된 α-아미노기, α-카르복실기는 거의 존재하지 않는다. 그러나 아미노산처럼 H^+ 및 OH^-의 적당한 농도에서 그 분자 속의 양과 음의 하전이 완전히 중화되어 전기적으로 중성이 될 수 있는데, 이 때의 pH를 그 단백질의 등전점이라고 한다. 일반적으로 단백질은 산성 아미노산이 많으면 산성 쪽으로, 염기성 아미노산이 많으면 알칼리성 쪽으로 등전점을 갖는다. 이 등전점에서는 단백질의 용해도가 가장 적어 쉽게 침전되기 때문에 단백질의 분리 및 정제에 자주 이용된다.

등전점에서는 주위 물분자와의 수화도가 최소되어 침전되기 쉬워지며, 이러한 현상을 등전침전이라고 한다. 분리대두 단백질은 두유를 pH 4.5로 맞춰 침전시켜 제조한다.

단백질은 등전점에서 점도, 삼투압, 팽윤 용해도 등은 최소가 되고 흡착성, 기포력, 탁도, 침전 등은 최대가 된다. 대부분 식품단백질의 등전점은 pH 4~6 범위이다.

4) 단백질의 침전성

단백질은 음이온과 양이온을 가진 양성 화합물이므로 트리클로로아세트산, 피크릭산, 설포살리실릭산, 탄닌산 등의 유기침전제나 중금속 염류, 알코올, 아세톤 등의 유기용매에 의해 불용성의 염을 형성하여 침전한다. 이들 대부분은 비가역적 변성을 동반하는데, 유기용매의 경우 0℃ 이하에서 단시간에 처리하면 단백질 변성을 막을 수 있다. 이러한 반응은 식품 성분에서 비단백질 질소 화합물과 혼재하는 단백질의 분리정제에 이용된다.

5) 자외선 흡수 스펙트럼

아미노산 중에서 방향족 아미노산인 페닐알라닌, 트립토판, 티로신은 자외선을 흡수한다. 단백질이 280mm 부근의 자외선을 흡수하는 것은 바로 이들 아미노산, 특히 트립토판이 함유되어 있기 때문이다.

6) 정색반응

단백질은 구성아미노산의 종류와 그 속에 포함된 물질의 화학적인 성질에 따라 여러 가지 정색반응을 나타낸다. 반응기가 단백질 분자의 표면에 노출되어 있는 경우와 내부에 존재하는 경우에 반응성이 다르기 때문에 조건에 따라 여러 가지 화학반응을 사용한다. 대표적인 정색반응은 아래와 같다.

- 뷰렛반응 : 단백질 용액에 수산화나트륨 용액을 가하여 알칼리성으로 만들고, 여기에 황산구리 용액 1~2방울을 가하면 적자색~청자색을 띤다. 이것은 2개 이상의 펩티드결합이 있는 단백질에서 일어나는 반응이다.
- 잔토프로테인반응 : 단백질 용액에 진한 질산 몇 방울을 떨어뜨리면 흰색 침전이 일어나고, 이것을 다시 가열하면 황색 침전이 일어나거나 용해되어 황색의 용액이 된다. 다시 냉각시켜 암모니아로 알칼리성을 만들면 등황색이 되는데, 이 반응은 벤젠핵을 가지기 때문에 나타나는 반응이며, 티로신, 페닐알라닌 및 트립토판 등이 존재하기 때문에 일어난다.

Practice 연습문제

01 단백질의 기능에 대해 알아봅시다.

02 아미노산의 성질에 대해 알아봅시다.

03 아미노산의 등전점에 대해 알아봅시다.

04 아미노산의 화학적 반응에 대해 알아봅시다.

05 펩티드결합에 대해 알아봅시다.

06 단백질의 변성에 대해 알아봅시다.

07 단순단백질 종류에 대해 알아봅시다.

08 단백질의 상호보완 효과에 대해 알아봅시다.

09 단백질의 성질에 대해 알아봅시다.

10 단백질의 정색반응에 대해 알아봅시다.

chapter 6

지 질

01. 지질이란

지질을 구성하는 필수 원소는 탄소, 수소, 산소이며, 그 외 질소, 인, 황 등을 함유할 수 있는 유기 화합물이다. 일반적으로 지질의 정의는 물에 녹지 않고 유기용매인 사염화탄소, 에테르, 아세톤, 뜨거운 알코올, 벤젠, 클로로포름 등에 녹는 것, 지방산의 에스테르 또는 지방산의 에스테르가 될 수 있는 것, 생체조직이 이용할 수 있는 것으로 정의한다.

지질은 동·식물성 식품에 광범위하게 분포되어 있고, 높은 연소열을 가진 9kcal/g의 에너지원이다. 또한 필수지방산의 공급원이며, 지용성 비타민(A, D, E, K 등)을 함유한다. 즉 지질은 체내의 에너지 공급원이며, 지용성 비타민의 흡수를 돕기도 하고, 비타민 B_1의 절약작용을 한다.

유지는 상온에서 액체 상태로 있는 것을 기름, 상온에서 고체 상태로 있는 것을 지방이라 부르며 이것을 총칭하여 유지라고 한다. 이는 융점의 차이에서 오는 외관상의 구별로 여러 가지 조건에 따라 다르다. 일반적으로 식물성 유지는 상온에서 액체가 많고, 동물성 유지는 대개 고체이므로 식물성유, 동물성유로 나눈다. 섭취하는 지방은 양과 질이 중요하다. 동물성 지방은 몸에 해로운 것으로 알려진 포화지방산이 많이 들어 있고, 식물성 지방에는 몸에 좋은 것으로 알려진 불포화지방산이 많이 들어 있다. 지방산이란 에너지로 즉시 이용할 수 있는 것으로 지방산의 종류에 따라 지방의 질이 다르다.

그림 6•1

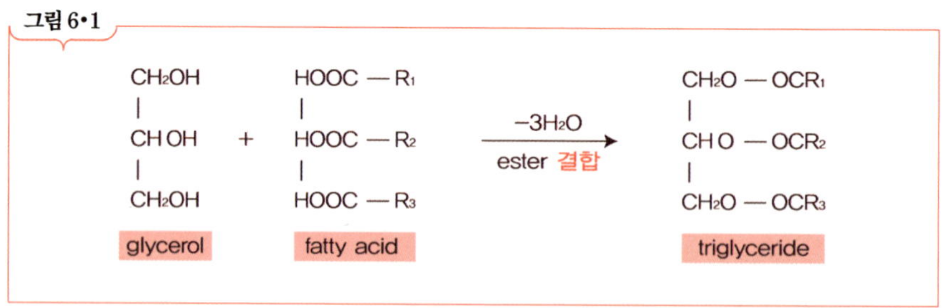

유지의 구조

1) 지질의 종류

(1) 중성지질

- 필수지방산의 공급 : 필수지방산이란 신체를 정상적으로 성장시키고 유지시키며 체내의 여러 생리적 과정을 수행하는데 꼭 필요한 성분이다. 그러나 체내에서 합성되지 않거나 합성되는 양이 매우 적어 식품을 통해 섭취되어야 한다. ω6계 지방산인 리놀레산, 아라키돈산, ω3계 지방산인 리놀렌산이 필수지방산이다.
- 농축된 에너지원 : 탄수화물이나 단백질이 1g당 4kcal를 공급하는 것에 비해 지방은 1g당 9kcal를 공급한다.
- 지용성 비타민의 흡수 촉진 : 지용성 비타민은 지질에 녹아 있는 상태로 소화 · 흡수되므로 지방의 섭취가 적어지면 흡수율이 저하된다. 따라서 소장에서 지방 흡수의 장애가 생기면 지용성 비타민의 영양 상태도 나빠진다.

(2) 인지질

인지질은 콜레스테롤과 함께 세포막과 신경조직의 주요 구성성분이 된다. 세포막은 인지질의 이중층으로 이루어지고, 콜레스테롤은 인지질 이중 층 사이의 중간에 존재하여 세포막의 유동성을 유지하는 데 기여한다.

(3) 콜레스테롤

- 세포막 구성성분 : 인지질과 함께 세포막의 성분이 된다. 특히 간, 신장, 뇌, 신경 조직에는 콜레스테롤이 다량 함유되므로 유아, 소아에게 필수적이다.
- 담즙산 합성 : 지질의 소화와 흡수에 필요한 담즙산을 합성한다.
- 스테로이드 호르몬 합성 : 여성 호르몬인 에스트로겐, 남성 호르몬인 테스토스테론, 및 글로코코르티코이드의 구성성분이다.
- 비타민 D 전구체 합성 : 7-데히드로콜레스테롤을 합성하여 칼슘의 흡수를 돕는다.

02. 지질의 분류

지질은 종류도 다양하지만 보통 단순지질, 복합지질, 유도지질로 분류된다. 특히 유도지질은 단순지질이나 복합지질의 가수분해 산물이며 지방산, 글리세롤 및 기타 알코올류와 유기염류가 이에 속한다.

또한 지질은 알칼리에 의해 가수분해되는 것과 알칼리에 의해 가수분해되지 않는 지질, 즉 검화될 수 없는 지질로 분류된다. 검화될 수 있는 지질은 유지, 왁스류, 인지질 등이며 검화될 수 없는 지질은 스테롤류, 카로틴류 및 기타 지용성 비타민 등이다.

그림 6•2

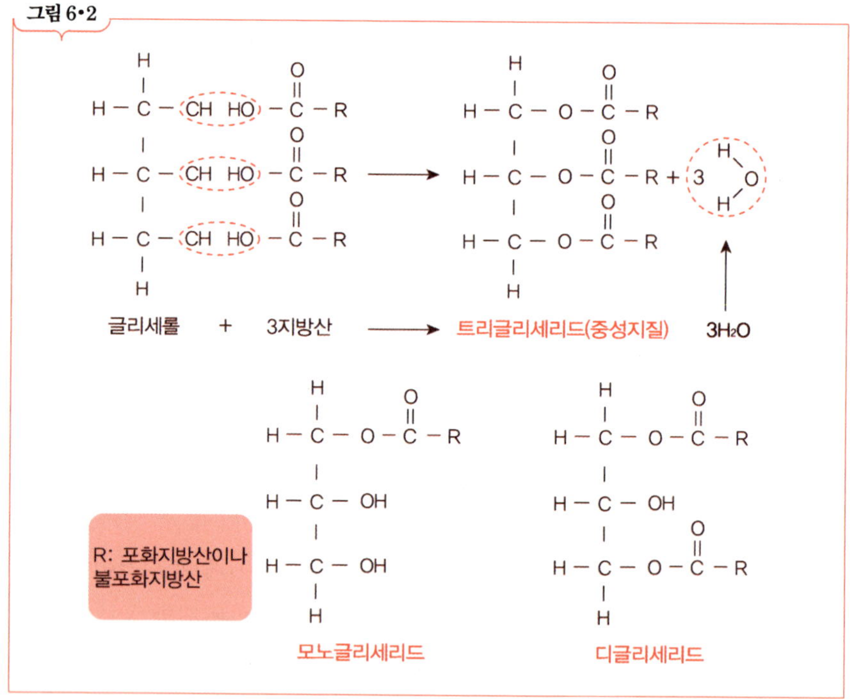

중성지질, 모노글리세리드, 디글리세리드의 구조

- 단순지질
  - 유지 : 상온에서 액체이면 기름유, 고체이면 지방이라고 한다.
  - 왁스 : 밀랍 · 양모유 · 경랍유 등

- 복합지질
  - 인지질 : 레시틴, 세팔린, 스핑고미엘린 등
  - 당지질 : 세레브로시드 등
  - 지단백질
- 유도지질
  - 지방산
  - 콜레스테롤
  - 탄화수소 : 지방족 포화탄화수소, 카로티노이드, 스쿠알렌 등
- 천연에 존재하는 지질 관련 물질
  - 생리학적으로 대단히 중요한 것들이 많음. 토코페롤, 비타민 K, 스테로이드계 등

【2.1】 단순지질

유지는 다가 알코올인 글리세롤 1분자에 각종 지방산 3분자가 에스테르결합을 하여 3분자의 물이 빠지며, 글리세롤 3개의 -OH에 지방산 3분자가 모두 에스테르결합을 이루고 있는 것을 중성지질이라고 하며, 지방산 2분자가 -OH와 결합되면 디글리세리드, 지방산 1분자가 -OH와 결합되면 모노글리세리드라고 한다. 또한 R_1, R_2, R_3가 동일 지방산일 때 글리세리드를 단일 글리세리드라 하고, 3개 중 2개 또는 3개가 서로 다른 지방산일 때는 혼합 글리세리드라 한다.

1) 지방산

지방산의 일반식은 R · COOH로 표시하며 끝에 카르복실기를 가진다. 천연에 존재하는 지방산은 대부분이 4~30개의 짝수 개 탄소원자가 직쇄상으로 결합되어 있으며, 자연계에 가장 많이 존재하는 것은 탄소 16개를 가진 지방산이다. 일반적으로 C_{10} 이하의 것을 짧은사슬지방산, C_{14} 이상의 것을 중간사슬지방산이라 하며 중간을 긴사슬지방산이라고 한다. 탄소와 탄소 사이에 단일결합만을 형성하면 포화지방산, 이중결합을 가지면 불포화지방산이라고 한다.

그림 6•3

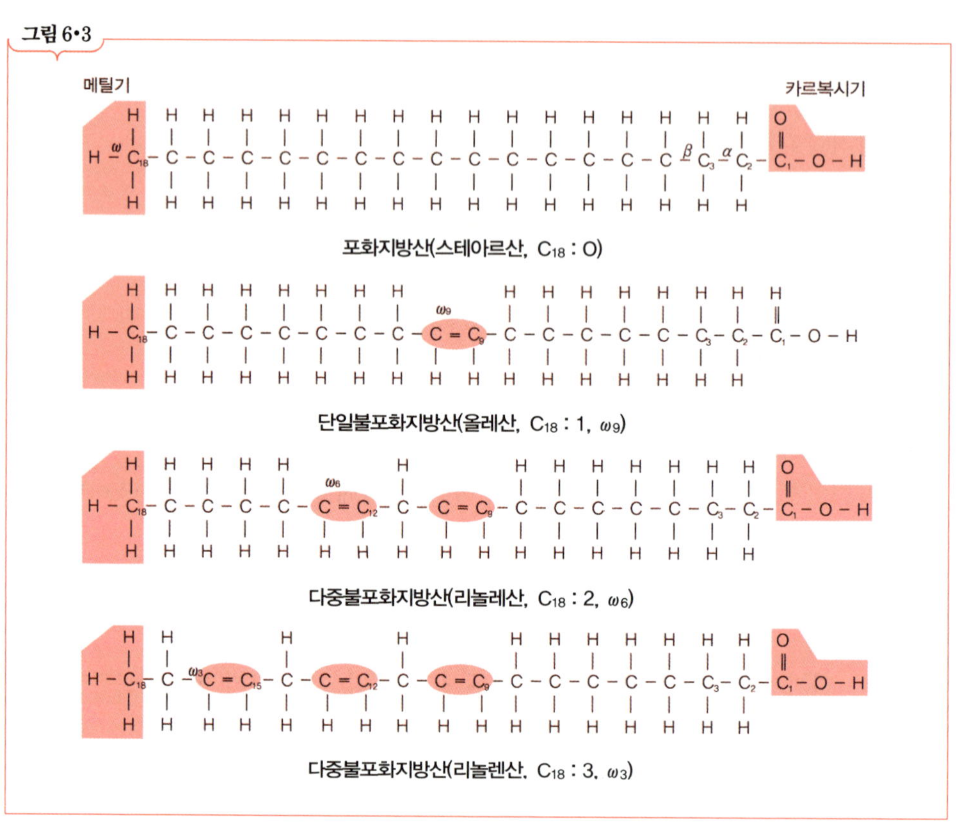

지방산의 구조

(1) 포화지방산

지방산의 분자 중에 이중결합을 갖지 않는다. 성질은 탄소수가 증가함에 따라 물에 녹기 어렵고 융점이 상승한다. 천연유지 중에 함량이 많은 것으로는 C_{16}인 팔미트산, C_{18}인 스테아르산 등이 있다. 포화지방산을 많이 섭취할 경우 콜레스테롤이 증가하고 동맥경화성 변화가 생긴다. 대부분의 육류 유지와 버터에 포화지방산이 다량 존재한다. 그러나 포화지방산이라고 반드시 나쁜 것만은 아니다. C_4인 버터에 다량 함유되어 있는 부티르산은 장점막세포의 건강에 아주 좋다. 한편 식물성 기름인 팜유 · 코코넛유 · 식물성 마가린 등에는 포화지방산의 함유량이 높다.

그림 6•4

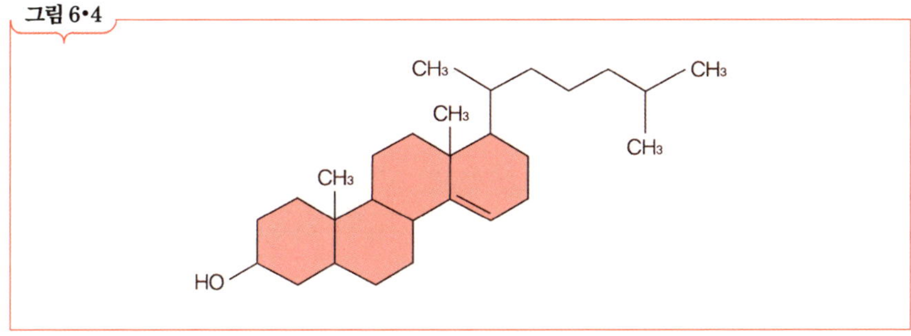

콜레스테롤의 구조

(2) 불포화지방산

불포화지방산은 분자 내에 이중결합을 갖고 있으며 천연의 불포화지방산에서는 이중결합이 1개이면 올레산 계열, 2개이면 리놀레산 계열, 3개이면 리놀렌산 계열, 그 이상이면 고도불포화지방산 계열이라고 한다. 이들 불포화지방산의 특징은, 일반적으로 액체 상태로써 이중결합을 많이 포함할수록 반응성이 크고 산화되기 쉽다. 시스형보다 트랜스형의 것이 불안정하여 반응이 쉬우므로 마가린 등의 제조에 응용되고 있다. 불포화지방산은 녹는 점이 낮고, 천연에는 올레산과 리놀레산이 널리 동 · 식물성 유지의 성분으로 존재한다. 불포화지방산 중에서 리놀레산, 아라키돈산은 필수지방산이다. 이중결합이 4개 이상 포함된 고도불포화지방산 계열은 어류에 존재하며 어유산이라고도 한다.

포화지방 외에도 몸에 나쁜 트랜스(전이) 지방이라는 것이 식품에서 중요하다. 트랜스형 지방은 탄소와 탄소 간의 이중결합에서 같은 치환기가 이중결합을 사이에 두고 대각선 방향으로 놓인 것을 말한다. 한편 시스형 지방은 치환기가 대칭적(같은 방향)인 위치에 놓인 것을 말한다. 대부분의 천연기름은 시스형인데, 여기에 수소를 첨가하여 경화시키는 과정에서 일부가 트랜스형으로 바뀌며 마가린과 쇼트닝유가 대표적이다. 그 예로서 옥수수기름의 경우 약 6%가 포화지방을 가지는데 옥수수기름이 마가린이 되는 과정에서 포화지방이 약 17%가 된다. 또한 불포화지방산의 구조도 변화되어 약 30%가 천연의 시스형에서 트랜스형으로 변한다. 문제가 되는 감자튀김이나 닭튀김 등의 패스트푸드는 대부분 트랜스지방이 다량 함유된 기름으로 튀기므로 고지혈증을 많이 일으킨다. 그 외에도 팝콘 · 케이크 · 쿠키 · 도넛 · 라면 및 스낵류, 과자 등도 트랜스지방이 많아 섭취를 제한할 필요성이 있다. 트랜스지방은 몸속에서 동맥경화를 유발하는 나쁜 콜레스테롤인 저밀도 콜레스테롤(LDL)의 수치를 높이고, 혈관을 깨끗하게 씻어주는 좋은 콜레스테롤인 고밀도 콜레스테롤(HDL)의 수치는 떨어뜨린다. 특히 성장기 어린이가 트랜스지방을 많이 먹으면 심장, 뇌혈관이 좁아져 당뇨가 빨리 올 수 있다.

(3) 필수지방산

불포화지방산 중 체내의 대사과정에서 중요한 역할을 담당하는 필수지방산이 존재한다. 필수지방산이란 신체의 정상적 기능을 위해 동물의 체내에서 소량 합성되고 있으나 필요량에 미치지 못하므로 반드시 외부로부터 공급되어야 하는 지방산이다. 필수지방산에는 리놀레산, 리놀렌산, 아라키돈산이 있다.

(4) 오메가지방산과 종류

지방산의 명명법은 카르복실기로부터 명명하는 법, 메틸기의 탄소원자로부터 시작하여 번호를 붙이는 방법으로 나눈다. 오메가지방산의 명명법은 메틸기 탄소원자로부터 시작하여 번호를 붙이는 방법 명명법이며, 지방산의 메틸기부터 시작하여 탄소원자 번호를 부여하였을 때 처음 이중결합이 있는 위치를 나타낸다. 원래 오메가의 뜻은 그리스 문자의 제24자(최종 글자, omega, Ω, ω)로서 끝을 나타내지만, 오메가는 '처음'의 의미로 쓰인다. 이는 생체 내에서 지방산의 생합성이 맨 끝에 있는 메틸기로부터 시작하여 카르복실기 쪽으로 향한다는 뜻이다.

1 오메가3 계열

오메가3 계열의 지방산은 지방산의 알킬구조 가운데 메틸기로부터 탄소원자를 부여하였을 때 3번째 탄소 위치, 즉 3번과 4번 사이에 최초의 이중결합을 가지며, 리놀렌산과 EPA, DHA 등이다. 식품에 함유된 리놀렌산은 들기름이 총 지방산의 56%, 아마인유 53~59%, 채종유 11% 정도가 들어 있다. EPA와 DHA는 어유에 풍부하게 함

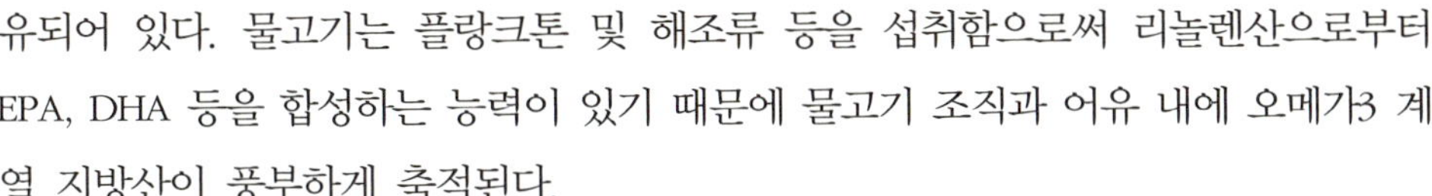

유되어 있다. 물고기는 플랑크톤 및 해조류 등을 섭취함으로써 리놀렌산으로부터 EPA, DHA 등을 합성하는 능력이 있기 때문에 물고기 조직과 어유 내에 오메가3 계열 지방산이 풍부하게 축적된다.

2 오메가6 및 9 계열

오메가6 계열의 지방산은 지방산의 알킬사슬 구조 가운데 맨 끝 메틸기로부터 탄소원자 번호를 부여하였을 때 6번째 탄소 위치, 즉 6번째와 7번째 탄소 사이에 최초 이중결합을 갖는 것으로써 리놀레산, 감마-리놀렌산, 아라키돈산 등이 주로 연구되고 있다.

3 오메가 지방산의 식품과 기능성

미국의 안셀키즈 박사는 7개국 성인 남성들의 심장병 사망률을 10년간 추적하였다. 그 중에서 그리스 크레타인들의 사망률이 가장 낮았다. 즉 크레타식은 '오메가3' 지방산의 함량이 매우 높다는 결론이었다. 불포화지방산인 오메가3 지방산은 필수지방산으로 체내에서는 생성되지 않아 오로지 음식의 섭취로만 얻을 수 있다. 오메가 3 지방산이 체내에 흡수되면 혈관의 수축과 염증반응을 예방하고, 나쁜 콜레스테롤의 축적을 막고 혈전의 생성도 방지한다. 따라서 심장병, 뇌졸중, 암 예방에도 효과가 있다고 알려져 있다. 오메가3 지방산의 하루 권장량이 650mg 정도인데, 등푸른생선인 꽁치, 고등어, 참치에 최소 1,000mg/100g이 들어 있다. 식물성 유지로는 우리의 전통 들기름이 65.6%로 아주 높다.

2) 왁스

고급 1가 알코올과 고급 지방산과의 에스테르결합을 하고 있으며 동물체의 피부를 보호하고 외부의 충격으로부터 장기의 손상을 방지하며, 식물 표면을 형성하여 해충과 미생물의 침입을 방지한다. 사람의 소화기관에는 왁스질을 가수분해하는 소화효소가 없으므로, 가수분해가 일어나지 않고 영양적 가치는 없으며 융점이 높을 뿐 아니라 물에는 전혀 녹지 않는다. 그러나 과일의 껍질에 빛깔을 주어 식품의 가치를 높이는 효과가 있다. 천연에 들어 있는 대표적인 왁스로는 경랍 · 밀랍 · 양모지 등이 해당한다.

【2.2】 복합지질

복합지질의 구성원소는 단순지질에 필요한 원소인 C, H, O 외에 N, P, S 등을 함유한 지질을 말하며, 인지질 · 당지질 · 지단백질 · 황지질 · 색소지질 등이 있다.

1) 인지질

인지질은 레시틴, 세팔린 등이 있고, 동물의 뇌, 심장, 콩팥 및 난황에 상당량 들어 있으며 식물에는 두류에 많다. 레시틴과 세팔린의 구성성분은 글리세롤 : 지방산 : 인산 : 유기염기 = 1 : 2 : 1 : 1비로 결합되며, 이 때 지방산 1개가 떨어져 나간 것을 각각 리소레시틴, 리소세팔린이라고 하며 용혈성이 강하다.

레시틴의 특성은 친수성이 강하여 물에 분산되어 교질을 잘 형성하므로 제과 및 기타 식품가공에서 유화제로 응용하고 있다. 스핑고마이엘린의 구성성분은 인산, 지방산, 콜린 및 스핑고신이 각각 한 분자씩 구성한다.

2) 당지질

분자 중에 당을 가진 복합지질이다. 동물의 뇌, 신경조직에 많이 들어 있어 생리적으로 중요한 것이 많다. 세레브로사이드는 당으로서 갈락토오스를 가지고 있으며, 대부분 이것과 스핑고신이 결합하고 여기에 지방산이 결합되어 있다.

당지질은 글리세롤이 없고 스핑고신에 붙어 있는 지방산의 종류에 따라 구별한다.

【2.3】 유도지질

단순지질과 복합지질의 가수분해로 얻어지는 것으로, 유리지방산(직쇄의 카르복실산), 고급 알코올(직쇄 및 환상 알코올), 탄산수소(지방족 및 환상 화합물), 이소프레

노이드(스테로이드 및 카로티노이드) 등이다.

한편, 지방질이 알칼리에 의해 가수분해되는, 즉 비누화가 되는 지방질과 알칼리에 의해 가수분해되지 않는, 즉 비누화되지 않는 지방질로 분류할 수도 있다. 중성지방, 왁스류, 인지질 등은 비누화되는 지방질에 속하며 일부의 탄화수소, 스테롤류, 지용성 색소 등은 비누화되지 않는 지방질에 속한다.

1) 스테로이드

다환식의 고급 알코올이며 자연계에 유리 상태로 존재하거나 지방산과 에스테르로 존재한다. 스테로이드에 속하는 것으로 스테롤 이외의 담즙산, 스테로이드 호르몬, 스테로이드사포닌, 스테로이드알칼로이드 등이 있다.

2) 스테롤

동물성 스테롤에는 콜레스테롤, 식물성 스테롤에는 β-시토스테롤, 에르고스테롤, 캄페스테롤, 스티그마스테롤 등이 동·식물계에 널리 분포되어 있다.

(1) 콜레스테롤

콜레스테롤은 스테롤의 기본 구조인 탄소로 이루어진 4개의 고리를 가지고 있다. 콜레스테롤은 인지질과 함께 세포막을 구성하는 중요한 성분이다. 특히 신경세포의 절연막인 수초(myelin)에 콜레스테롤이 많이 함유되어 뇌를 비롯한 신경조직에 콜레스테롤 함량이 높다. 세포막의 구성 성분으로 쓰이는 이외에도, 콜레스테롤은 성 호르몬을 비롯한 여러 스테로이드 호르몬과 담즙산을 합성하는 전구체로 쓰인다. 우리의 몸은 일정 수준의 콜레스테롤 함량을 유지해야 한다.

(2) 식물성 스테롤 식물

각종 스테롤이 존재하는데 이를 피토스테롤이라고도 한다. 대표적인 식물성 스테롤은 β-시토스테롤로 밀의 배종유, 옥수수유에 많고, 에르고스테롤은 곰팡이·효모·

버섯 등에 있으며 마이코스테롤이 대표적이다. 이는 자외선의 조사로 칼시페롤이 되므로 프로비타민 D이다. 따라서 표고버섯은 햇볕에 말리는 것이 좋다. 또한 스티그마스테롤은 미강유 · 옥수수유 · 대두유 · 야자유 등에 존재한다.

(3) 탄화수소 방향족 탄화수소와 스쿠알렌

탄화수소 방향족 탄화수소와 스쿠알렌 등이 있고, 특히 스쿠알렌은 6개의 이소프렌 구조로 구성되어 있으며 생체 내에서 콜레스테롤과 같은 스테로이드의 전구물질로 알려져 있고, 비타민 D의 효력촉진 작용이 있다. 주로 상어간유 · 식물유 · 맥주효모에서 발견되며 고도의 불포화 탄화수소이다.

03. 유지의 이화학적 성질

【3.1】 물리적 성질

1) 비중

식용유지의 비중은 대개 15℃에서 0.91~0.99 정도이다. 일반적으로 유지의 비중은 불포화지방산의 함량이 많을수록 증가하고, 지방산의 분자량이 클수록 감소한다. 또한 유리지방산의 존재는 비중을 저하시키고, 저급 · 불포화 산소산의 존재와 산화중합유의 비중을 높인다. 물질 1g을 1℃ 상승시키는 데 필요한 열량인 비열은 0.44~0.5cal 정도로 열전도율이 좋다.

2) 점도

점도는 유지를 구성하는 지방산의 종류에 따라 차이가 있다. 즉 구성지방산의 탄소수가 증가할수록 점도가 커지며, 불포화도가 커짐에 따라 점도는 감소한다.

3) 녹는 점

유지는 단일 화합물이 아니므로 일정하게 녹는 점은 없지만, 점도처럼 구성지방산의 탄소수가 증가하면 녹는 점이 높아지고 불포화도가 커짐에 따라 낮아진다. 식물성 유지처럼 불포화지방산을 많이 함유한 것은 녹는 점이 낮고 실온에서 액체이지만, 동물성 유지처럼 고급 포화지방산을 많이 함유한 것은 녹는 점이 높고 실온에서 고체이다. 그러나 버터의 경우, 포화지방산은 많지만 저급 지방산이 많아 다른 동물성 유지에 비해 녹는 점이 낮고 녹기 쉽다.

불포화도가 높은 유지가 녹는 점이 낮은 이유는 불포화지방산은 이중결합이 있는 곳에서 한 번씩 꺾이므로 다른 분자와 좀 더 밀착하여 차곡차곡 쌓을 수 없기 때문이다. 차곡차곡 쌓여진 트리글리세리드 분자는 이동할 때 열에너지가 더 많이 필요하므로 녹는 점도 높아지게 된다.

4) 어는 점

단일 트리글리세리드의 어는 점은 녹는 점과 일치하지만, 혼합 트리글리세리드는 녹는 점과 어는 점이 다르다. 즉 옥수수유는 녹는 점이 -10~-18℃인데 어는 점은 -10~-15℃이고, 야자유는 녹는 점이 20~28℃인데 어는 점은 14~25℃이다.

5) 발연점 · 인화점 · 연소점

유지를 가열하여 표면에 푸른 연기가 발생할 때의 온도를 발연점이라 한다. 발연점 이상 계속 가열하면 발생하는 증기가 공기와 섞여서 점화되는 온도를 인화점이라 한다. 연소점은 인화점 이상 가열함으로써 계속 연소를 지속하는 온도이다.

유지를 가열시킬 때 푸른 연기가 생기는 것은 열로 인해 트리글리세리드가 분해 · 산화되어 아크롤레인이 생성되기 때문이다. 유지의 발연점은 오랜 시간 가열할수록, 유지의 지방산 함량이 높을수록, 표면적이 클수록, 불순물이 많을수록 낮아진다. 가열한 지방은 산화의 가수분해로 인해 튀김식품의 맛과 향이 신선한 기름에 비해 나빠진다. 이 분해는 비가역적이므로 유지를 튀김에 사용할 때에는 발연점보다 낮은 온도를 유지시켜야 하며, 연소점은 발연점보다 20~60℃ 정도 높다.

6) 굴절률

유지의 굴절률은 버터처럼 짧은사슬지방산이 많은 유지의 굴절률은 낮고, 불포화지방산의 함량이 높은 아마인유나 채종유는 굴절률이 높다. 탄소수 및 불포화지방산이 증가할수록 증가하며, 유지의 가열산화에 의해 굴절률은 커지므로 식용유지의 품질평가에 이용된다.

7) 빛깔 · 맛 · 냄새

순수한 것은 빛깔 · 맛 · 냄새가 없으나 천연의 유지는 대개 담황색이고, 또한 특유한 맛과 냄새를 가지고 있다. 이것은 카로티노이드 색소나 각종 미량의 성분을 함유하고 있기 때문이며, 어유와 같이 성분 변화에 의한 특유한 냄새를 갖는 것도 있다.

8) 가소성

가소성이란 고체에 가해지는 압력이 어느 한도를 넘었을 때 변형이 일어나고, 압력이 제거된 후에도 본래의 형태로 복귀되지 않는 성질로써 버터 · 마가린 · 쇼트닝 · 라드 등은 가소성을 가지는 대표적인 유지이다. 실온에서 고체 형태 대부분의 지방들도 실제로는 고체 지방과 액체 오일을 함께 보유하고 있는데, 이 때의 액체부분은 작은 결정체의 망상조직 내에 포함되어 있어서 밖으로는 나타나지 않지만, 밀가루와 혼합했을 때 부스러지지 않고 다양한 모양으로 성형하거나 눌러 펼 수 있게 한다. 이러한 성질을 유지의 가소성이라 하며, 제조공업에서 매우 중요하다.

【3.2】 화학적 성질

1) 검화

유지에 알칼리 용액을 가하여 가열하였을 때 글리세롤과 지방산염이 형성되는 것

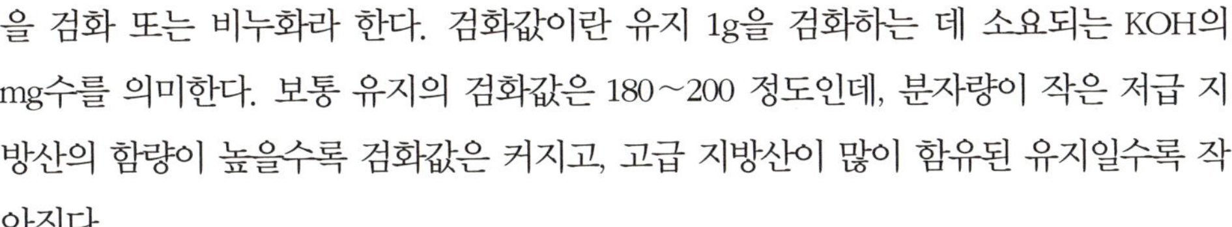

을 검화 또는 비누화라 한다. 검화값이란 유지 1g을 검화하는 데 소요되는 KOH의 mg수를 의미한다. 보통 유지의 검화값은 180~200 정도인데, 분자량이 작은 저급 지방산의 함량이 높을수록 검화값은 커지고, 고급 지방산이 많이 함유된 유지일수록 작아진다.

2) 산값

신선한 유지는 유리지방산의 함량이 매우 낮으나 유지를 가열 또는 저장하면 가수분해하여 유리지방산을 형성한다. 이러한 유리지방산을 중화하는 데 소요되는 KOH의 mg수를 산값이라 한다. 유지의 산값 또는 유리지방산값은 유지의 품질이나 사용 정도를 나타내는 척도이다. 산값이 높으면 변질된 유지이고, 보통 식용유지는 산값이 1.0 이하이다.

3) 요오드값

불포화지방산의 이중결합 부위는 수소이온 또는 할로겐원소에 의해 쉽게 부가반응을 일으킨다. 이와 같은 수소첨가로 인해 불포화지방산은 녹는 점이 높은 포화지방산으로 되며, 액상 유지가 고체 지방으로 바뀐다. 유지 100g에 첨가되는 요오드의 g수를 요오드값이라 한다.

요오드값은 유지의 성질을 파악하는 척도로 불포화도를 측정하는 데 사용되며, 요오드값이 130 이상인 것을 건성유, 100~130 사이인 것을 반건성유, 100 이하인 것을 불건성유로 분류한다.

4) 아세틸값

아세틸값은 유지 속에 존재하는 수산기를 가진 지방산의 함량을 나타내는 수단으로써 유지에 무수초산을 첨가하면 유지 속의 수산기와 반응하여 아세틸화한다. 이 아세틸화된 유지를 다시 가수분해하여 생성된 초산을 중화하는 데 필요한 KOH의 mg수로 표시한다.

5) 폴렌스케값

유지 5g을 비누화 한 후 얻어진 불용성 휘발성 지방산을 중화하는 데 필요한 KOH의 mg수로 표시한다. 폴렌스케값은 물에 녹지 않는 미리스트산, 라우르산과 또 물에 약간 녹는 카프릴산, 카프리산의 양을 결정하는 것이다. 폴렌스케값은 팜유가 16.8~18.2, 버터가 1.5~3.5, 일반유지는 1.0 이하로 버터 중의 팜유 혼합을 검사하는 데 사용한다. 팜유가 버터보다 수치가 높은 이유는 팜유가 수용성인 휘발성 지방산은 적고 불용성인 휘발성 지방산이 많기 때문이다.

6) 라이메르트 – 마이슬값

라이메르트 – 마이슬값은 물에 잘 녹는 부티르산 · 카프로산과 물에 약간 녹는 카프릴산 · 카프리산의 양을 결정한다. 유지 중의 수용성의 휘발성 지방산량을 나타내는 척도이다. 유지 5g을 검화하여 산성에서 중화하는 데 필요한 KOH의 mg수로 표시한다. 라이메르트 – 마이슬값은 특히 버터의 위조검정에 이용되며, 버터는 26~32이고, 마가린은 0.55~5.5로 버터와 마가린을 구별한다.

7) 과산화물가

유지가 자동산화나 가열산화에 의해 산패되면 이중결합에 인접한 탄소에 분자상의 산소가 결합된 과산화물이 형성된다. 과산화물가는 유지 1kg에 생성된 과산화물의 mg당량으로 표시되며, 과산화물가 10 이하이면 신선한 기름이라고 본다.

에스테르 교환반응

에스테르는 알코올과 산이 결합한 화합물이지만, 알코올인 메톡사이드나트륨과 같은 촉매를 가하여 반응시키면 지방산들이 교환되어 다른 종류의 에스테르를 형성한다. 이것을 에스테르 교환반응이라 한다.

유지를 촉매로 하여 다른 지방산 조성의 트리글리세리드를 섞어 두면, 트리글리세리드끼리 불규칙적으로 지방산의 교환이 일어나서 마침내 평형에 이른다. 이 반응이 저온에서 일어나면 트리세린이 응고하므로, 이것을 제거하면 평형이 기울어져 다시 트리세린이 생성된다. 이와 같이 반응은 하나의 방향성을 갖고 진행하므로 이러한 에스테르 교환을 지향성 에스테르 교환반응이라 한다.

또한 유지에 다른 종류의 알코올과 황산과 같은 촉매를 가하여 반응시키면 알코올로 치환되어 다른 종류의 에스테르를 형성하는 것을 니트롤리시스라 한다. 유지에 20% 정도의 글리세롤을 넣고 반응시키면 디글리세리드, 모노글리세리드가 생겨 지방에 유화성을 줄 수 있고, 쇼트닝 제조 등에 응용된다.

【3.3】 유화

유화액이란 서로 섞이지 않는 2가지 액체, 즉 기름과 물이 유화제에 의해 혼합된 상태이다. 한 액체가 그것과 혼합되지 않는 다른 액체 속에 작은 입자로 분산된 물질을 분산상이라 하며 입자를 포함하는 다른 액체를 분산매라 한다. 에멀션되는 상태를 유화라 부르고, 이 때 유화를 유지시키는 물질을 유화제라고 한다.

그림 6•5

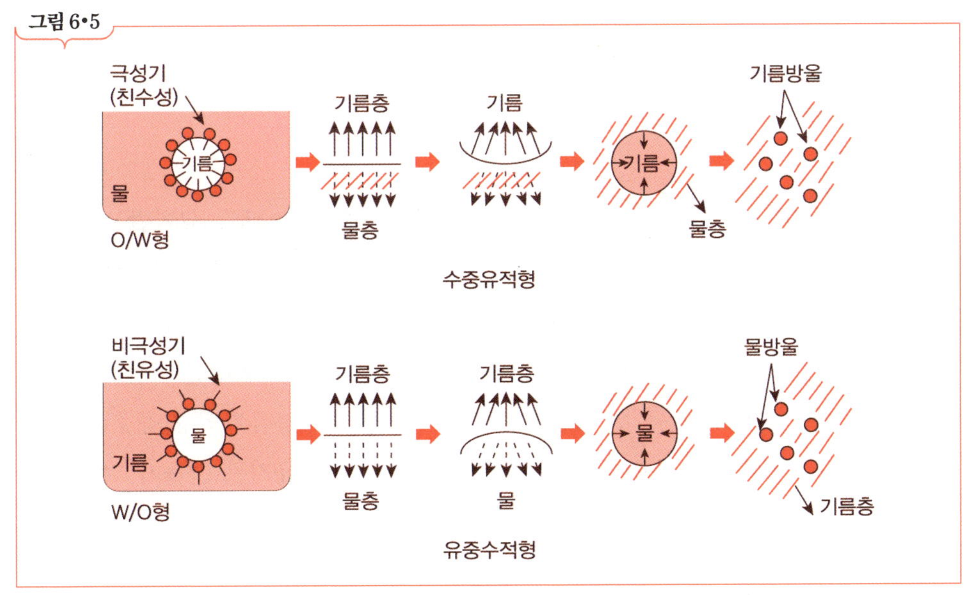

유화액의 종류

유화액은 물속에 기름입자가 분산된 수중유적형과 기름 속에 물이 분산된 유중수적형으로 나뉜다. 수중유적형의 식품에는 우유와 마요네즈가 있고, 유중수적형에는 마가린과 버터 등이 있다.

유화제의 특징은 지방질의 분자 중 친수성기와 소수성기를 동시에 가지는 것으로 친수성기는 물과 결합하고 소수성기는 기름과 결합한다. 대표적인 천연유화제로는 레시틴이 있고 모노글리세리드, 프로필렌글리콜지방산에스테르 등 다수가 있다.

【3.4】 변형

1) 경화유

경화란 불포화지방산의 이중결합에 수소를 첨가하여 포화시키면 액체기름이 고체지방으로 고화되는 것을 말하며, 일명 수소첨가라고도 한다. 액체의 식물성 기름을 반고체나 고체 상태로 만들기 때문에 마가린이나 쇼트닝을 제조할 때 사용하며 니켈이나 백금 등을 촉매로 사용한다. 경화과정에서 천연에 존재하는 시스형의 불포화지방산이 보다 안정하나 천연에 존재하지 않는 트랜스형으로 변환되기도 하여 이를 다량 섭취 시 건강상의 문제를 야기하는 것으로 알려져 있다.

2) 에스테르 교환반응

트리글리세리드 분자에 있는 지방산의 위치나 종류는 에스테르 교환반응에 의해 변화될 수 있다. 천연유지의 트리글리세리드에는 지방산이 무작위로 분포하지 않고 어떤 지방산은 글리세롤의 특정 위치에만 집중 분포하기도 한다. 융점이 높고 거친 돼지기름을 에스테르 교환반응을 통해 지방산을 재배치하고 바꿔주면 바람직한 물성과 특성을 지닌 라드로 만들 수 있는 것이다. 이와 같이 식용유지의 가공 시 유지의 물리적 성질을 변화시켜 사용 목적에 알맞은 물성을 지닌 유지를 만들기 위해서 주로 유지 간 에스테르반응을 이용한다.

04. 식용유지 및 가공식품

식용유지는 천연유지에서 유리지방산 · 스테롤 · 색소 및 지용성 물질 등을 제거하여 정제한 것이다. 정제된 식물성 기름의 종류는 콩기름 · 옥수수기름 · 면실유 · 올리브유 · 홍화유 등이 있다. 소고기기름과 돼지기름은 포화지방산인 팔미트산과 단일불포화지방산인 올레산이 많으며, 우유 · 인유 · 버터는 짧은 사슬의 지방산이 많이 함유되어 있다. 생선유는 EPA와 DHA의 가장 좋은 급원이다.

식용유지는 정제도 혹은 용도에 따라 튀김유 · 샐러드유 · 경화유 · 마가린 · 쇼트닝 등으로 나눌 수 있다.

【4.1】 식물성 기름

1) 대두유

대두유의 수요는 매년 증가하고 있어 현재 생산되고 있는 식용유 중 가장 많이 소비되고 있다. 원료인 대두는 외국에서 수입에 의존하고 있으며, 유지 함량은 16~25% 정도 추출법으로 채취하고, 이 때 부산물로 생기는 대두박은 약 40%의 단백질이 들어 있어 단백질 자원 및 사료 등으로 광범위하게 이용된다.

지방산의 조성은 리놀레산과 올레산이 약 80%이고, 인지방질인 레시틴이 1.5% 정도로 들어 있다. 대두유는 다량의 토코페롤이 들어 있어 천연 항산화제의 효과가 있으며, 인체에서는 노화방지 효과도 있다.

대두유의 용도는 조리용 · 튀김용으로 가장 보편적으로 이용되며, 쇼트닝과 마가린 원료유로 쓰이며, 페인트 · 인쇄잉크 등의 공업용으로 이용되고 있다.

2) 유채유

유채유는 유채의 품종에 따라 유지 함량의 차이는 있지만 35~45% 정도로 압착 · 추출 등의 방법으로 채유한다. 일반 유채유에는 에루식산이 들어 있어 인체에 유해할 수도 있어, 최근에는 에루식산이 적게 들어 있는 품종을 개발하여 채유한 것을 카놀라유라 한다. 지방산의 구성은 에루식산이 45% 정도이며, 올레산이 17%, 리놀레산 16% 정도이다.

유채유의 장점은 산과 열에 대한 안정성이 우수하기 때문에 발연점이 높고 반복 튀김에 강하여 용기에 달라붙거나 가열분해로 생기는 강한 자극취가 심하지 않다. 유채유는 포화지방산의 함량이 다른 식물성 유지보다 적으며, 내열성 · 내광성 · 내한성 · 풍미가 좋으며 튀김유 · 드레싱 · 마가린 · 쇼트닝 · 마요네즈 등에 적합하다.

3) 면실유

면실유는 목화의 씨에 함유된 15~25%의 기름을 압착 등으로 채유한다. 면실유는 옛날부터 식용되었으나 고시폴이라는 독성 성분이 있어 정제가 필요하며, 지방산은 리놀레산 50%, 팔미트산 25%, 올레산 18% 정도로 구성되어 있다.

면실유는 조리용으로 볶음요리, 특히 중화요리에 적합하며, 튀김유와 통조림용 · 샐러드용 · 쇼트닝 · 마가린 등의 제조에도 알맞다.

4) 미강유

현미를 도정할 때 생기는 부산물인 쌀겨에는 16~21%의 지방질이 함유되어 있는데, 이를 압착 · 추출 또는 병용 방법으로 채유한 기름을 미강유라고 한다. 쌀겨에는 지방질 분해효소인 리파아제가 있어 유리지방산의 생성이 잘 일어나기 때문에 채유할 때는 쌀겨를 건조시켜 수분을 2~3%로 낮추어 지방질의 분해를 방지해야 한다.

지방산의 조성은 올레산, 리놀레산이 70~80%이며, 나머지는 팔미트산이 대부분이다. 미강유는 조리용 · 튀김유 · 마가린 · 쇼트닝 · 마요네즈 등의 원료로 널리 쓰이고 있다.

5) 옥배유

옥수수 배아에 들어 있는 30~40%의 유지 성분으로부터 채취한 옥배유는 산화안정성 · 가열안정성이 뛰어날 뿐만 아니라 연속튀김을 할 때 거품성이 좋고 발연점 저하가 낮아 오랜 시간 사용할 수 있다. 옥배유는 고유한 풍미가 있어 제품에 고소한 맛을 부여하며, 리놀레산이 55~60% 함유되어 있고, 올레산 20%, 팔미트산 10% 정도로 영양적으로도 중요한 식용유이다. 또한 인지방질 1~3%, 불검화물 1%, 비타민 E 0.1%가 들어 있다.

옥배유는 튀김유 · 부침용 · 볶음용뿐만 아니라 스낵 제품 등 보존성이 요구되는 가공식품에 이르기까지 널리 이용되는 최고급 식용유 중의 하나이다.

6) 참깨기름

참깨기름은 예로부터 우리나라에서 가장 애호하고 있는 기름으로서 원료의 참깨에는 45~55%의 지방질이 들어 있고, 압착법으로 채유하며, 특유한 향미가 있어 정제를 하지 않는다. 참깨에는 단백질도 15~30% 정도 들어 있다. 참깨기름의 지방산은 올레산 45%, 리놀레산 40%, 팔미트산 10% 정도로 구성되어 있으며, 천연 항산화제인 비타민 E와 세사몰 등이 있다. 참깨는 깨소금이나 원료로 사용하며, 참깨기름은 우리나라에서 양념 또는 튀김유로 널리 쓰인다.

7) 들깨기름

들깨의 씨앗에 40~45% 정도의 유지를 압착 등으로 채유한 것으로 특이한 냄새가 난다. 들깨기름의 지방산 조성은 리놀레산 20%, 올레산 50%, 팔미트산 10%로 구성되어 있으며, 아미노산은 아르기닌과 리신이 많이 들어 있어 참깨기름과 대조적이다.

들깨의 잎에는 정유 성분인 페릴라알데히드, 리모넨, 페릴라케톤 등이 들어 있어 특이한 냄새가 나고, 각종 비타민과 유리아미노산이 고루 함유되어 장아찌 · 야채 · 나물무침 등에 쓰인다. 들깨기름은 유럽 등에서는 공업용으로 쓰이나, 참깨기름과 함께 우리나라에서 가장 애호되는 기름으로서 참깨기름의 대용품과 조리용 등에 쓰인다.

8) 올리브유

잘 익은 과육을 건조하면 40~70%의 지방질이 들어 있는데, 이를 압착법으로 채유하면 녹황색의 독특한 향과 맛을 가지며, 다른 식물성 유지와 달리 정제과정을 거치지 않고 직접 이용한다. 특히 착유하여 처음 추출되는 최상품의 기름을 버진이라 구분하여 고급 유지로 이용한다.

올리브유의 지방산은 올레산이 65~85%로 특히 많고, 포화지방산은 팔미트산이 많이 들어 있으며, 리놀레산이 적어 산화안정성이 있다. 올리브유는 불건성유이고, 10~18℃에서는 혼탁이 되며, 0℃에서는 굳어지고, 튀김용 · 샐러드용 · 고급마요네즈 제조 등에 사용된다.

9) 땅콩기름

땅콩에 함유되어 있어 40~50%의 지방질을 압착이나 추출법으로 채유하고, 지방산의 조성은 올레산 60%, 리놀레산 20%으로 구성되어 있으며, 아라키딕산이 많은 것이 특징으로 열처리 가공 중에도 안정성이 높다.

땅콩기름은 독특한 맛과 향기가 있어 샐러드유 · 튀김유 · 마가린 등의 원료로 쓰이며, 공업용으로 고급비누 · 윤활유 등의 제조에도 이용된다.

10) 야자유

건조한 과육의 야자에는 지방질이 약 60% 정도 들어 있는데, 이것을 압착하여 얻은 식물성 유지로 야자유라 하며 코프라라고도 한다.

지방산의 조성은 리우르산과 미르스트산 등의 짧은사슬지방산이 60~70%, 팔미트산, 스테아르산 등의 포화지방산이 15% 정도 들어 있으며, 불포화지방산은 올레산 등이 8~10% 정도 들어 있다. 이처럼 다른 지방질에 비교하여 저급지방산과 포화지방산이 많이 들어 있어 안정성이 좋아 제과 · 제빵 · 튀김용 등에 적합하다.

또한 야자유는 특유의 향을 내는 락톤류가 들어 있으며, 수소첨가 등에 의해서도 융점의 변화가 거의 없고, 가소성의 범위가 좋은 것이 특징이며, 제과용으로 사용할 때 입안에서 잘 녹는 특징이 있다. 야자유는 쇼트닝 · 마가린 · 튀김용 등의 식용과 비누 · 세제 등의 공업용으로 사용된다.

11) 팜유

야자유와 함께 세계적으로 중요한 과일유지로, 과육에 45~50%의 지방질이 들어 있는데, 주로 압착법으로 채유 · 정제하여 사용한다. 팜유는 산지에 따라 유리지방산의 함량이 차이를 나타내며, 카로틴 함량이 0.02~0.2%이어서 진한 오렌지의 붉은 색을 띤다. 상온에서는 반고형이고, 산화안정성이 낮으며, 정제된 팜유는 담백한 특유의 향과 맛을 가지고, 가소성은 동물성 지방과 비슷하다.

지방산의 조성은 팔미트산 45~50%, 올레산 40%, 리놀레산 10% 정도이다. 일반적으로 팜유는 제품의 적조성이 약간 불안정하지만 가공기술의 발달로 산화안정성과 담백한 맛 및 저렴한 가격 때문에 라면 튀김유로 우리나라에서 많이 사용되며, 마가린과 육제품 등에 가공유로 사용한다. 또한 팜유는 생산성과 경제성이 우수하여 점차 생산량이 증가되어 대두유와 함께 세계적으로 가장 많이 이용되는 유지로써 그 기대가 크다.

12) 카카오버터

카카오콩에는 55% 정도의 지방질이 들어 있고, 지방질을 추출하기 전에 가루로 된 것을 카카오풀이라 하며, 이것에 설탕 · 우유 · 계피 · 향 · 카카오버터 등을 넣어 만드는 것이 초콜릿이다.

카카오버터의 지방산은 올레산 35~40%, 스테아르산 30%, 팔미트산 25% 등이다. 카카오버터는 담황색의 고체로 융점의 한계가 뚜렷하고, 27℃ 이하에서는 부스러지기 쉬우며, 이보다 온도가 높으면 연화되어 녹는다. 이 성질은 제과류에 카카오버터를 코팅하면 상온에서는 딱딱하지만 입안에서는 쉽게 녹고, 산화 안정성이 높아 고급과자류에 많이 사용되며 가격이 비싸다.

【4.2】 동물성 기름

해산동물유지와 동물지가 있고, 전자는 어유와 고래기름이며, 후자는 우지와 돈지이다.

1) 어유

어유는 열탕 중에 넣고 가열하여 떠오르는 기름을 정제하거나 원심분리하여 얻는다. 어류의 내장에서 채유한 기름을 간유라 하며, 특히 비타민 A가 풍부하여 간유구를 만드는 원료로 쓰인다.

2) 고래기름

고래기름은 지육 · 내장 · 뼈 등에서 융출하여 채유한다. 고래기름은 수소를 첨가하여 경화유를 만들어 마가린, 쇼트닝의 원료로 쓰인다.

3) 우지

소의 지방조직으로부터 융출법에 의해 추출하여 얻은 지방을 우지라고 한다. 황색은 주로 카로틴계 색소에 기인하는데, 이는 사료에 의해 형성된다. 우지는 정제하여 마가린 · 쇼트닝 등의 원료로 쓰인다.

4) 돈지

돼지의 지방조직을 융출법에 의해 채유한 고체 지방으로 우지보다 불포화지방산이 많아 융점이 낮고 연질이다. 라드는 색과 풍미가 좋아 고급 중화요리에 많이 쓰이고 있다.

5) 버터

버터는 우유를 원심분리하여 얻은 크림을 살균 · 혼합하여 세균 배양으로 발효 · 숙성시킨 다음 교반해 뭉쳐 집합시킨 것으로써 소화율도 높고, 향도 좋다. 버터의 풍미는 디아세틸 · 초산 · 프로피온산 등에 의한 것이며, 여러 가지 요리에 많이 이용되고 있는 버터는 비타민 A의 급원으로 유지 중에서 소화가 가장 빠르다. 버터의 색은 카로틴에 의한 것이며, 그 함량은 소의 품종이나 사료의 종류에 따라 차이가 있다. 여름에 푸른 잎을 많이 먹은 소의 우유로 만든 버터는 카로틴의 함량이 많아 짙은 색을 띠지만, 겨울의 경우는 버터의 색이 엷어지게 되므로 일정한 색 유지가 힘들어 착색을 한다.

- 가염버터 : 소금을 1~2% 첨가하여 만든 것으로써 보통 가정용으로 많이 이용된다.
- 무염버터 : 소금을 첨가하지 않은 것으로 주로 영업용에 쓰인다. 가염버터에 비해 보존성이 낮다.
- 발효버터 : 젖산균을 이용하여 크림을 발효시켜 만든 것으로 향이 좋고 소화율도 높다.
- 휩버터 : 발효버터를 만든 후 다시 공기를 불어넣어 만든 것으로 주로 제과용으로 많이 쓴다.

6) 라드

돼지기름은 가장 일반적인 동물유지로 돼지기름만을 '순제라드'라 하고, 소고기기름을 섞은 것을 '조정라드'라 한다. 라드는 돼지의 복부와 콩팥 및 기타 다른 지방조직으로부터 얻어지는 백색의 고체 지방을 말하는데, 콩팥 주변에서 얻어지는 것이 가장 질이 좋고, 장 주변의 것이 가장 질이 낮다.

쇼트닝성은 가소성을 가진 지방 중에서 라드가 가장 높고, 수소를 첨가한 식물성 유와 버터 및 마가린의 순서로 낮아진다. 쇼트닝성이 높다는 것은 제과 · 제빵에서 중요한 성질이기는 하지만, 라드의 경우 크리밍성이 낮기 때문에 제과 등에 이용하고 있다. 라드는 독특한 맛과 향이 있어서 중국요리에서도 많이 사용된다.

【4.3】 경화유

불포화 화합물의 이중결합의 부분에 니켈 · 팔라듐 등의 촉매를 사용하여 분자상의 수소를 첨가하여 불포화결합을 포화결합으로 바꾸는 반응을 수소첨가반응이라 한다.

액상 지방류에 가압하여 니켈 촉매 하에서 수소가스를 통하면 불포화지방산의 이중결합부에 수소가 첨가되어 포화지방산을 형성하게 되어 녹는 점이 높은 고체 상태의 지방이 얻어진다. 이것을 경화유라 한다.

수소첨가의 과정에서 일어나는 반응은 불포화도가 높을수록 수소첨가의 경향이 높으며, 천연에 존재하는 시스형의 불포화지방산이 트렌스형으로 변환해서 천연에 존재하지 않는 지방산이 일부 생성된다. 또한 경화유는 불포화도의 감소에 따라 산패에 대해 안정해지고, 천연의 카로티노이는 수소첨가로 인해 이중결합의 분해에 의한 색깔이 변한다. 이 공정으로 탈색과 탈취가 쉬워지므로 품질이 나쁜 기름을 좋게 만들 수 있다. 경화유를 이용한 제품에는 마가린과 쇼트닝이 있다.

1) 마가린

마가린은 버터 대용으로 프랑스에서 만든 것에서 유래된다. 1870년부터 시작된 영 · 불전쟁으로 버터의 품귀현상이 나타나게 되었고, 이에 나폴레옹3세는 버터를 대체할 만한 것을 현상 모집하였다. 이 때 프랑스 화학자인 Mege Mourise가 우지의 경질부를 분리시켜 우유를 첨가하여 유화한 버터의 유사품을 만든 것이 마가린의 시초가 되었다. 마가린이라고 하는 명칭은 제품이 진주처럼 빛난다고 하여 그리스어의 '마가리트(진주)'에서 유래된 이름이다.

마가린은 동물성 지방, 경화유, 비교적 녹는 점이 높은 식물성 기름 등을 적당한 비율로 혼합한 후 여기에 식염 · 물 · 유화제 · 색소 · 발효유 등을 첨가하여 유화시켜 버터 모양의 성질과 풍미를 준 유화지방식품이다. 마가린은 주로 제과와 제빵 등에 이용된다.

2) 쇼트닝

쇼트닝은 미국에서 돼지기름이 부족했을 때 돼지기름의 대용품으로 면실유와 우지를 이용해서 만들어진 것으로 돼지기름처럼 이 대용 유지도 제과제품에 적용 시 좋은 쇼트닝성을 얻을 수 있어 쇼트닝이라는 이름이 지어졌다.

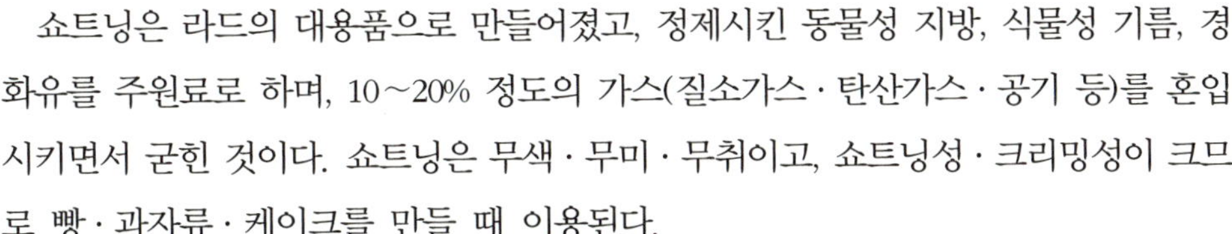

쇼트닝은 라드의 대용품으로 만들어졌고, 정제시킨 동물성 지방, 식물성 기름, 경화유를 주원료로 하며, 10~20% 정도의 가스(질소가스 · 탄산가스 · 공기 등)를 혼입시키면서 굳힌 것이다. 쇼트닝은 무색 · 무미 · 무취이고, 쇼트닝성 · 크리밍성이 크므로 빵 · 과자류 · 케이크를 만들 때 이용된다.

【4.4】 식용유지의 정제

채취한 원유는 대개 불순물을 함유하고 있다. 불순물은 주로 먼지 · 검질 · 단백질 · 지방산 · 색소 · 냄새 등으로 사용 목적에 따라 알맞게 정제할 필요가 있다.

1) 물리적 정제법

유지에 들어 있는 불용해성의 불순물을 침전, 여과, 원심분리 등에 의해 제거한다. 또 유지를 가열하여 불순물인 단백질을 응고시킴과 동시에, 다른 불순물을 흡착 · 침전시키는 방법도 있다. 이 때 수증기를 불어넣어 가열하면 휘발성 불순물을 쉽게 제거할 수 있다.

2) 화학적 정제법

유지 안에 용해되어 있는 불순물을 다음과 같이 화학적 방법으로 제거한다.

- 탈검 : 일반적으로 채유는 글리세리드 이외의 불순물 가운데 인지질인 레시틴이 있어 정제에 곤란한 점이 있으므로 화학적 방법에 의해 제거한다. 이 공정을 탈검이라 한다. 레시틴은 물이 없을 때 기름에 용해되므로 75~80℃의 온수를 1~2% 혼합하여 믹서로 혼합 · 수화시킨 다음 원심분리하여 제거한다. 이것을 크루드레시틴이라 하며, 사료나 식품첨가물로 이용된다.
- 탈산 : 탈산은 원유 중의 유리지방산을 알칼리 수용액으로 중화 · 제거하는 동시에, 공존하는 레시틴 · 점질물 · 색소 등을 제거하는 공정이다. 알칼리의 사용량 · 농

도와 섞는 방법 및 온도 · 시간은 유지 종류에 따라 차이가 있다.

- 탈색 : 기름 속에 들어 있는 색소는 주로 황적색인 카로티노이드, 녹색인 클로로필 등이다. 이와 같은 색소가 들어 있는 기름을 진공 솥에 넣고 230~240℃로 가열하면 카로티노이드계 색소는 산화되어 탈색되나 기름도 산화되므로 일반화되지 않고 있다. 식용유지와 같이 엷은 빛깔이 될 때까지 탈색하려면 다음과 같은 방법을 쓴다.
  - 흡착법 : 많은 양의 활성백토, 산성백토, 활성탄소를 넣어 색소를 흡착시킨다.
  - 일광법 : 유지의 색소를 공기 중의 산소로 분해시키는 방법으로써 목납 · 밀납에 많이 쓰며, 자외선이 이 변화를 촉진시킨다.
- 탈취 : 채취된 유지가 냄새를 가지고 있을 때는 탈취해야 한다. 이와 같은 냄새는 대부분 휘발성 물질이므로 진공 상태에서 유지에 가열증기 · 이산화탄소 · 수소 · 질소 등을 불어넣어 휘발시켜 제거한다.

【4.5】 유지의 유화

유지와 물은 서로 녹지 않으나, 이들을 세게 흔들어 주면 유탁한 액체가 생긴다. 이와 같이 한쪽의 액체가 다른 액체 속에 분산되어 있는 것을 유탁액이라 한다. 그러나 세게 흔들기만 한 것은 유탁액이 일시적으로 생겼을 뿐 불안정하여 곧 두 층으로 분리되고 만다.

그러나 한 분자 내에 친수기와 소수기를 동시에 가지고 있는 레시틴과 같은 것을 섞어서 흔들어 주면 소수기는 유지와, 친수기는 물과 약하게 결합하여 양자의 교량 구실을 해서 계면장력이 저하되어 유지가 물속에 분산된 유탁액을 형성하는 것을 유화라 한다.

또한 유화를 조장하는 성질을 가진 계면활성제를 유화제라 한다. 유화제에는 세정력 · 유화력 · 분산력 · 침투력 · 기포력이 있다. 천연의 유화제로서 레시틴 이외에 프로틴 · 스테롤 · 리포프로틴 · 담즙산 등이 있다. 우유는 프로틴, 난황은 리포프로틴과 레시틴, 마요네즈는 난황이 유화제가 되어 잘 유화된 식품이다. 생물체의 체액은 리포프로틴 · 레시틴 · 콜레스테롤 등에 의해 잘 유화된 콜로이드 용액이다. 천연물 이외의 유화제로서 모노글리세리드, 슈가 에스테르, 소르비탄지방산에스테르, 프로필렌 글리콜 지방산 에스테르, 콘드로이틴 황산나트륨 등이 사용되고 있다.

05. 유지의 산패

식용유지나 지방질 식품을 저장 중에 화학적 · 미생물학적인 각종 원인과 여러 가지 화학적 변화에 의해 색 · 맛 · 냄새의 변화가 일어나고 점도가 증가하기도 하며 독성 물질이 생성되는 것을 산패라고 한다. 산패(rancidity)의 어원은 라틴어의 '악취가 나는' 또는 '썩은 냄새가 나는' 뜻의 rancidus라는 말에서 유래되었다. 유지나 식품 중의 지방질 성분에서 일어나는 비정상적인 불쾌한 냄새와 맛이 발생하는 것도 넓은 의미에서 산패라 할 수 있다.

산패는 산화적인 산패와 비산화적인 산패로 나눌 수 있다.

【5.1】 산패의 종류

유지의 산패를 일으키는 원인은 여러 가지가 있지만 크게 5가지로 나눌 수 있다.

1) 가수분해에 의한 산패

유지는 물 · 산 · 알칼리 · 가수분해효소 등에 의해 트리글리세리드가 글리세롤과 유리지방산으로 가수분해된다. 이 때 불쾌한 냄새나 맛을 형성하여 유지가 변질된다.

2) 자동산화에 의한 산패

유지나 유지식품은 대기 중의 산소에 의해 서서히 산화가 진행되는데, 이러한 산화를 자동산화라고 하며, 이 자동산화에 의한 산화를 산화적 산패라고도 한다. 이것은 상온 부근의 비교적 낮은 온도에서 산소에 의해 일어나는 완만한 산화반응으로서 자유라디칼에 의한 연쇄반응으로 진행된다.

유지의 산패는 대기 중 산소의 흡수에 의해 시작되며, 처음 일정한 기간 동안은 산소의 흡수속도가 일정하고 흡수량도 매우 적지만, 이 기간이 지난 후에는 산소의 흡수속도는 급격하게 증가한다. 산소의 흡수속도는 유지의 산화, 즉 산화물 생성량의 증가를 의미한다. 이와 같이 유지의 산화과정에서 산소의 흡수속도가 매우 적은 특정한 기간을 자동산화의 유도기라고 한다.

유도기가 지나면 산소의 흡수속도와 과산화물 생성이 급격히 증가하기 시작한다. 이 시기를 산소흡수기라고 하고, 과산화물이 생성될 뿐만 아니라 과산화물의 분해 · 중합 등이 일어나 복잡한 산화물이 생성된다. 이 때 생성된 산화생성물은 유지의 분자들과 다른 물리적 · 화학적 성질을 갖고 있고, 산화생성물의 양이 급격히 증가함에 따라 유지의 물리적 · 화학적 성질의 변화와 더불어 냄새 · 맛 등 관능적 요인에도 변화를 준다. 특히 저분자의 카보닐 화합물이 유지의 냄새와 맛을 나쁘게 하는 원인물질이다.

3) 가열산화에 의한 산패

유지의 가열산화란 공기 존재 하에서 유지를 고온으로 가열할 때 일어나는 산화과정이라고 볼 수 있으며, 그 온도는 정확하게 정해진 것은 없다. 그러나 식용유지의 가열산화가 가장 중요한 문제가 되고 있는 튀김 과정에 사용되고 있는 온도는 보통 140℃에서 200℃ 사이이므로 대체로 공기의 존재 하에서 유지를 140℃에서 200℃ 내외로 가열할 때 일어나는 산화과정이라고 볼 수 있다.

이 가열산화 과정은 가속화된 자동산화 이외에 특히 여러 반응들이 함께 일어날 것이며, 따라서 이 가열산화는 실제로는 매우 복잡한 과정으로 생각된다. 즉 고온에서의 변화로는 가속된 자동산화 외에 이중결합과 산소와의 직접적인 반응, 에스테르 결합의 분해에 의한 유리지방산의 형성, 가열중합반응, 유지 분자를 구성하고 있는 지방산의 탄소-탄소결합의 분해에 의한 각종 카아보닐 화합물의 형성 등이 있다. 특히 이중결합과 공기 중의 분자상 산소와의 직접적인 결합에 의한 몰로키사이드형의 과산화물들의 형성은 저온의 자동산화 과정에서도 일부 일어나기는 하나, 유지의 온도가 80℃ 이상으로 상승되면 형성된 중간 산화생성체의 상당량이 하이드로파로키사

이드들 이외에 이와 같은 과산화물들에 의해 차지된다고 한다.

이와 같은 고온에서의 가열산화과정에서는 가열중합반응도 촉진된다. 실제 튀김유와 같은 가열산화과정을 거치는 유지류에 있어서는 가열중합반응도 촉진된다. 실제 튀김유와 같은 가열산화과정을 거치는 유지류에 있어서는 이상의 결과 형성되는 유리지방산의 증가, 중합체 형성에 의한 점성의 증가, 휘발성 카아보닐 화합물의 형성 등이 나타난다.

(1) 가열에 의한 산화중합

유지를 공기 중에서 가열했을 때의 변화는 매우 복잡한 화학적 변화가 일어나고 또한 매우 다양한 화합물을 생성한다. 가열온도가 100℃ 이하의 경우는 자동산화의 연쇄반응이 많이 일어나나, 튀김조리의 적온으로 보는 160~180℃의 가열에서는 자동산화·가열산화·가열중합 등의 반응이 동시에 일어난다. 더욱이 가열온도가 유지의 발연점 이상이 되면 유지의 열분해가 일어난다.

유지를 200℃ 정도에서 가열을 계속하면 점차 끈적끈적해진다. 이것은 공기의 존재 하에서 중합반응이 일어나 중합체가 생성되기 때문이다. 유지의 가열에 의한 변화 중 특히 중요한 것은 중합반응에 의한 이중체, 삼중체 등의 중합체의 형성이며, 이와 같은 가열중합반응은 아마인유·대두유와 같은 불포화도가 큰 유지에 있어서 특히 잘 일어난다. 이 가열에 의한 중합반응은 유리라디칼들의 재결합에 의해서 일어날 수도 있다.

그러나 유지의 가열중합반응은 주로 디일즈-알더어 부가반응에 의해서 형성되는 것으로 생각되고 있다. 즉 유지 속의 리놀레인산, 리놀레닌산 속의 이중결합 체계는 가열에 의해 열역학적으로 더 안정된 형태로 점차 재배치된다. 즉 분자 속의 독립 이중결합 체계는 공액 이중결합 체계를 갖게 된다.

(2) 가열에 의한 분해

유지는 가열하면 중합할 뿐 아니라 여러 가지 분해물이 생성된다. 이 분해물은 유지의 산화생산물의 분해인 경우도 있고, 열분해물과 이것의 산화생성물이라고 생각되므로 복잡한 양상을 가지고 있다.

가열산화과정 중의 유지의 변화

- 유리지방산의 형성 : 유리지방산은 수분이 존재할 때는 물론, 수분이 존재하지 않을 때도 형성되며, 트리글리세라이드에서 다이글리세라드 · 모노글리세라이드 · 글리세롤의 순서대로 단계적으로 가수분해가 진행된다. 이와 같은 무수 상태에서의 에스테르결합의 분해는 탄소수가 적은 지방산들이나 불포화지방산들의 함량이 큰 유지일수록 잘 일어난다.
- 카아보닐 화합물의 형성 : 지방산기에 수산기와 같은 기능 그룹이 존재할 때는 탄소-탄소결합의 분열에 의해 탄소수가 더 적은 지방산, 카아보닐 화합물들, 락톤류 등이 형성된다.

  한편 불포화지방산들의 경우에는 가열 중에 이중결합 다음 위치에 있는 -C-C 공유결합의 분열에 의해서 라디칼들이 형성된다. 이 때 동일지방산의 경우라도 분열이 일어나는 위치가 다를 때는 서로 다른 라디칼이 형성될 것이므로, 형성되는 라디칼들의 종류도 많을 것으로 보인다.

  이상의 라디칼들은 매우 활성이 크므로 탈수소반응 등에 의해 각종 카아보닐 화합물, 탄소수가 적은 불포화지방산 에스테르, 유리지방산, 락톤류 등이 형성된다. 한편 이상의 라디칼들의 재결합에 의한 중합체의 형성이 일어날 수가 있을 것이며, 또 자동산화과정 중의 연쇄반응을 유발할 수 있을 것이다.
- 점성 증가 및 발포현상 : 중합반응의 결과 고분자의 산화중합체 형성으로 점성이 증가하고 오래 사용한 튀김유에서와 같이 기름 표면에 잔거품이 지속적으로 형성되어 남는다.

4) 산화효소에 의한 산패

지방산을 산화시키는 효소에는 리폭시다아제와 리포히드로페르옥시다아제가 있다. 이들 효소는 곡류 · 콩류 등의 식물체에 광범위하게 분포되어 있다.

5) 변향

대두유와 같은 불포화도가 높은 기름은 정제과정에서 풋내나 콩비린내를 제거하였음에도 잠시 저장하는 동안 냄새가 다시 나는 경우가 있다. 이와 같이 냄새가 새로 생기거나 정제하기 전의 유지가 가졌던 냄새로 복귀하는 현상을 변향이라 부른다.

【5.2】 물리적 · 화학적 변화

1) 물리적 변화

(1) 점도의 증가

유지의 점도는 가열시간이 길수록, 가열온도가 높을수록 증가된다. 10시간으로 가열시간을 고정시키고 가열산화온도를 45℃에서 180℃까지 변화시켰을 때의 대두유는 가열산화온도가 45~80℃의 범위 내에서는 점도 변화가 크지 않으나 120℃ 이상의 온도에서는 급속도로 증가한다. 특히 점도의 증가는 180℃ 이상에서 매우 크며, 또한 실온 상태에서 측정할 때 그 경향이 커지는 것이 보통이다.

(2) 기포현상의 지속화

신선한 기름의 경우 튀김 재료를 넣었을 때 재료 주변에 커다란 기포가 약간 생기다가 재료를 꺼낸 후에는 거품이 보이지 않는다. 그러나 여러 번 반복해서 오랫동안 가열한 기름은 튀김 재료를 넣었을 때 미세한 기포가 기름 전면에 퍼져서 끓어오르는 것처럼 되었다가 재료를 꺼낸 후에도 잠깐동안 없어지지 않는데, 이것을 지속성 기포형성이라 한다. 원인은 기름의 가열 중에 생긴 산화중합물의 축적에 의한 것으로써 이러한 축적량과 기름의 점도와는 깊은 관계가 있다. 즉 가열온도가 높고 가열시간이 길면 기름과 공기의 접촉면이 넓어져 산화중합에 의한 점도의 상승이 커지고, 기름의 노화도 심해진다.

(3) 발연점의 저하

발연점은 기름의 종류에 따라 다르고, 같은 기름이라 할지라도 정제한 기름이 발연점이 높으며, 심하게 가열할수록 발연점은 낮아진다. 발연점이 낮은 기름은 분해온도가 낮고 빨리 분해하여 색깔이 검게 되며 맛이 나빠지기 때문에 튀김용 기름은 발연점이 높은 것을 골라야 한다.

2) 화학적 변화

(1) 지방산 함량의 감소

포화지방산의 함량 변화는 다소 적으나 불포화지방산의 함량 변화는 상당량의 감소가 일어났으며, 특히 시간이 지나면 50% 이상 손실된다.

(2) 산가의 증가

산가 측정의 의의는 유지가 산패 또는 가열분해 중에 식용유지의 향미에 직접 영향을 미치며, 자동산화의 촉진, 발연점 저하 등의 부수적인 품질 저하를 일으키는 유리지방산 함량의 증가를 추적하는 데 있다.

45℃에서의 가열산화온도에서는 10시간의 가열기간을 통해 산값의 증가는 극히 완만하지만, 55~65℃에서는 가열시간이 5시간을 경과한 후부터는 급속도로 증가한다. 한편 180℃에서는 가열산화 초기부터 급격하게 증가하며, 가열시간 5시간 후부터는 그 증가속도는 약간 감소한다. 즉 가열시간이 길수록, 가열온도가 높을수록 산가가 증가한다는 것은 유리지방산의 함량이 증가한다는 사실을 알 수 있다.

(3) 요오드가의 감소

요오드가는 지방의 불포화도를 측정하는 것이며, 일반적으로 가열시간이 증가함에 따라 요오드가가 감소한다. 가열하지 않은 경우, 불포화지방산의 함량이 높은 콩기름의 요오드가는 121로서 가장 높고, 불포화지방산의 함량이 적은 미강유는 요오드가가 100이다. 그러나 콩기름 · 옥수수기름 · 채종유 · 미강유를 180℃에서 가열 산화시키면 콩기름은 가열 16시간까지는 요오드가 급격히 감소되나, 그 이후에는 거의 변화가 없다. 그러나 옥수수기름 · 채종유 · 미강유는 가열시간에 따라 요오드가 계속 감소되는 것으로 보아 불포화지방산의 함량이 계속 감소됨을 알 수 있다.

(4) 과산화물가의 증가

과산화물가는 지방의 산패를 결정하는 또 다른 척도로 이용한다. 대두유를 12ml/min의 공기주입 속도 하에서 45~180℃의 가열산화 조건을 취할 때 45~60℃의 가열산화온도에서는 가열시간 10시간 후의 과산화물가에는 큰 변화가 없다. 그러나 가열산화온도가 75℃인 경우에는 가열시간에 따라 과산화물가는 비교적 완만하게 증가하며, 180℃에서는 가열시간 6시간만에 과산화물가가 최대값 30을 보인 후 다시 급격하게 감소하여 10시간 후에는 14 정도로 낮아진다.

(5) TBA값의 증가

TBA값은 유지의 산패가 진행됨에 따라 생성되는 카르보닐 화합물 중 말로날데히드 생성에 근거를 둔 것이다.

대두유를 공기주입 속도 120ml/min 및 45~65℃, 75℃, 180℃의 가열산화온도에서 가열시간에 따른 TBA값의 변화를 살펴보면, 가열산화온도 45~65℃에서는 10시간의 가열시간 중 TBA값의 변화는 매우 적으나, 75℃의 경우 가열시간의 경과에 따라 TBA값의 변화 증가폭은 크지 않다. 그러나 180℃의 가열산화온도에서는 TBA값이 급격히 증가한다. 이 사실은 가열산화온도가 높을수록 불포화지방산 함량이 급속하게 감소되는 사실에 비추어 볼 때 예상할 수 있는 결과이다.

(6) 유지의 영양가 저하 및 독성 발현

불포화지방산을 다량 함유한 유지는 산화되기 쉬우며, 산화가 진행함에 따라 맛과 냄새가 좋지 않게 될 뿐만 아니라 영양가도 저하되고 결국에는 독성을 나타내게 된다. 자동산화가 진행된 유지 중의 유독 성분으로서는 주로 과산화물인 히드로퍼옥시드를 들 수 있지만, 이외에도 저분자 분해생성물과 중합물에도 독성이 인정되고 있다. 이들의 산화생성물은 각종 효소를 불활성화하고, 단백질과 불용성의 복합체를 형성하며 소화율을 저하시킨다. 특히 반응하기 쉬운 메티오닌 등의 아미노산이 소실되기 때문에 영양가도 저하한다.

【5.3】 산패에 영향을 미치는 인자

1) 유지의 불포화도

이중결합을 가지는 불포화지방산은 이중결합이 없는 포화지방산보다 훨씬 산화되기 쉽다. 또 불포화지방산은 이중결합이 증가하면 활성화되는 메틸렌기의 수가 늘기 때문에 산화속도는 급속히 증대한다. 또한 공액 이중결합을 가지는 것은 더욱 산화하기 쉽고, cis-type은 trans-type보다 산화되기 쉽다. 특히 다가불포화지방산의 함량이 유지의 산화에 많은 영향을 준다. 예로 펜타디엔기를 가지는 리놀렌산과 리놀렌산은 올레산보다 매우 산화되기 쉽다.

2) 효소의 작용

지질 가수분해효소인 리파아제 · 에스테라아제 · 포스포리파아제 등의 작용에 의해 유리지방산을 형성하여 유지의 자동산화를 촉진한다. 또 리폭시다아제는 리놀레산 · 올레산 · 아라키돈산에 작용하여 과산화물을 생성시킨다.

3) 광선

광선의 조사는 프리레디컬의 생성을 촉진하여 유도기를 단축하고 히드로퍼옥시드의 분해를 촉진함으로써 유지의 산화를 촉진한다. 즉 단파장의 광선은 장파장의 광선에 비해 에너지가 높으므로 단파장의 광선일수록 유지의 산화를 촉진한다.

4) 온도

유지의 산화속도는 화학반응과 같이 온도가 상승함에 따라 증가하는 경향이다. 유지의 산화에서 상온에서는 온도의 상승에 따라 연쇄반응이 촉진될 뿐만 아니라 과산화물의 분해를 촉진하여 프리레디컬의 생성을 증가시킨다.

그러나 100℃ 이상의 고온에서는 과산화물이 분해되기 쉽고 산소가 직접 지방산의

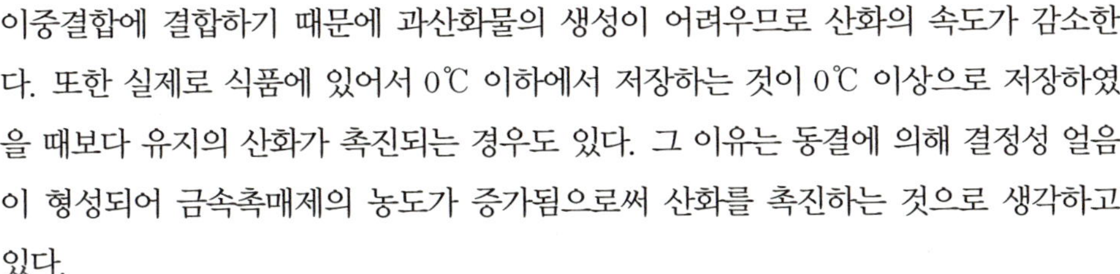

이중결합에 결합하기 때문에 과산화물의 생성이 어려우므로 산화의 속도가 감소한다. 또한 실제로 식품에 있어서 0℃ 이하에서 저장하는 것이 0℃ 이상으로 저장하였을 때보다 유지의 산화가 촉진되는 경우도 있다. 그 이유는 동결에 의해 결정성 얼음이 형성되어 금속촉매제의 농도가 증가됨으로써 산화를 촉진하는 것으로 생각하고 있다.

5) 중금속

코발트, 구리, 철, 망간, 니켈 같은 중금속은 자동산화 중 생성된 과산화물의 분해를 촉진시키고 유리라디칼을 발생하여 산화의 연쇄반응을 촉진한다.

6) 수분과 지방산

수분은 지방산의 자동산화에 여러 가지 영향을 미친다. 유지 속에 함유되는 미량의 수분은 프리레디컬의 소스로서 자동산화의 초기반응을 촉진시킨다. 물은 유지의 가수분해를 일으켜 지방산을 유리시킨다. 수분이 자동산화를 촉진시키는 예로서는 유지의 가수분해에 의한 유리지방산의 생성과 분해생성물로 케톤이 생성되는 경우가 있으며, 특히 주목해야 될 것은 금속의 촉매작용에 대한 영향이다. 금속은 주로 수분층 및 수분층과 유지층의 계면에서 촉매작용을 나타낸다. 따라서 수분함량이 많아지면 그 촉매작용은 강해진다. 그러므로 수분은 자동산화과정의 초기반응에서 유리 레디칼의 형성을 촉진시켜 준다.

한편 적당량의 수분은 식품 중에 들어 있는 유지의 자동산화를 오히려 억제한다. 이것은 산화촉진제 구실을 하는 중금속의 활성을 억제하거나 또는 식품 성분에 보호막을 형성하여 산소와의 접촉을 차단하기 때문이라고 생각된다. 실제로 건조식품에 있어서 그 식품의 수분함량이 단분자층 형성 수분함량보다 많을 경우에는 유지의 산패는 억제되며, 이 수분함량보다 적을 때에는 유지 성분의 산화는 촉진된다.

이와 같은 이유는 식품의 수분함량이 단일분자층 형성량보다 많은 수분은 유지가 공기 중 산소의 접촉을 억제하기 때문인 것으로 알고 있다. 단분자층 형성 수분함량은 식품의 종류에 따라 다르지만 대개 5% 정도이다.

7) 금속이온

금속 또는 금속이온은 미량으로써 유지 및 지방산의 자동산화를 현저하게 촉진시킨다. 이것은 금속 또는 금속이온이 산소 분자를 활성화시켜 자동산화의 초기반응에 관여하거나, 히드로퍼옥시드의 분해를 촉진함으로써 유지의 자동산화 연쇄반응의 속도를 증대시킨다. 일반적으로 충분히 정제되었다고 생각되는 유지 중에도 0.2ppm 정도의 구리와 코발트 · 철 등을 함유하고 있으며, 이 정도의 금속 함량도 산화촉진 작용을 나타낸다.

06. 항산화제

항산화제는 유지의 산화속도를 억제하는 물질로서 산화방지제라고도 한다. 항산화제의 작용기작은 자동산화의 개시단계에서 유리라디칼의 생성을 저해하거나 그의 전파를 막아서 자동산화를 중지 또는 지연시키는 것이다. 즉, 연쇄반응에 참여하고 있는 각종 활성 유리라디칼에 자신의 수소원자를 내주어 안정한 화합물을 만들고 항산화제 자신은 유리라디칼이 되어 항산화 능력이 없어진다. 이 때 상승제가 존재하면 이로부터 수소를 받아 항산화 능력을 되찾을 수 있다.

항산화제는 천연 항산화제와 합성 항산화제로 나뉘는데, 천연 항산화제는 동물성 유지보다 식물성 유지에 주로 존재하므로 식물성 유지는 동물성 유지에 비해 불포화 지방산의 함량이 높음에도 불구하고 산화속도가 늦다.

한편, 자신은 항산화력을 갖지 않지만 다른 항산화제와 병행하여 사용 시 항산화력을 증가시키는 물질을 상승제라 한다. 상승제에는 구연산, 인산, 주석산, 사과산, 비타민 C 등이 있다.

Practice 연습문제

01 유지의 구조에 대해 알아봅시다.

02 중성지질의 특징에 대해 알아봅시다.

03 포화지방산과 불포화지방산의 특징에 대해 알아봅시다.

04 복합지질의 종류와 특징에 대해 알아봅시다.

05 유지의 물리적 성질에 대해 알아봅시다.

06 유지의 화학적 성질에 대해 알아봅시다.

07 에스테르 교환반응에 대해 알아봅시다.

08 유지 산패의 종류에 대해 알아봅시다.

09 유지 산패의 영향을 미치는 인자에 대해 알아봅시다.

10 항산화제에 대해 알아봅시다.

비타민

01. 비타민이란

라틴어에서 vita는 생명을 의미하며 생화학 용어인 아민은 아민기를 가진 질소 함유 유기물질을 의미한다. 그러나 계속해서 발견된 비타민들 중에는 아민기를 가지고 있지 않은 것들도 있다. 신체의 성장이나 정상적인 체내기능을 위해 반드시 필요한 유기물로 식이를 통해 반드시 섭취해야 하며, 비타민 섭취량이 부족하면 결핍증이 발생한다. 식품 속에는 매우 적은 양의 비타민이 함유되어 있으나 실제 인체가 필요로 하는 양도 매우 소량이다. 과거에 치료 불가능하다고 여겼던 각기병, 구루병, 괴혈병, 펠라그라, 악성 빈혈 등이 20세기 들어 비타민 결핍 시 나타나는 증세임이 알려져 그 중요성 및 많은 연구들이 이루어졌다.

02. 비타민의 분류

비타민은 물과 기름에 대한 친화도에 따라 수용성 비타민과 지용성 비타민으로 분류된다. 지용성 비타민은 기름에 녹으며 과량 섭취하면 체내 특히 간에 축적된다. 지용성 비타민에는 비타민 A, D, E, K가 있다. 수용성 비타민은 물에 녹으며 과량 섭취하면 필요량 이상은 소변으로 배설된다. 수용성 비타민에는 비타민 B군과 C가 있다.

【2.1】 수용성 비타민

수용성 비타민은 체내에 저장되지 않으므로 항상 필요량을 음식에 의해 공급받아야 한다. 대부분의 수용성 비타민은 혈중의 비타민 농도가 높아지면 소변으로 쉽게 배설된다. 그러므로 수용성 비타민은 쉽게 결핍증을 일으킬 수 있지만, 과잉 섭취로 인한 신체 장해는 지용성 비타민보다 적다.

한편 자연계에는 비타민류와 화학구조가 유사한 2가지 물질이 존재하는데 한 가지는 비타민 전구체라 하고, 다른 한 가지는 항비타민이라 한다.

비타민 전구체는 체내에 흡수되어야 비로소 활성화되는 비타민으로 비타민 A의

전구체인 카로틴류(α, β, γ-carotene)와 크립토크산틴의 4가지가 있으며, 비타민 D의 전구체로 에르고스테롤과 7-디하이드로콜레스테롤이 있어 자외선 조사에 따라 비타민 D_2 · D_3로 변한다. 카로틴은 소장벽에서 흡수되면서 비타민 A로 전환되며, 프로비타민 D는 자외선에 의해 피하에서 비타민 D로 전환되어 신장 내에서 활성화된다.

항비타민은 비타민 기능을 저해하는 물질로써 화학구조와 성질이 비타민과 매우 유사하므로 신체는 비타민과 구별하지 않고 받아들인다. 그러나 항비타민은 비타민류의 작용에 의하여 길항작용을 하는 물질이기 때문에 항비타민의 체내 흡수는 비타민 결핍을 초래할 수 있다.

1) 비타민 B_1

비타민 B_1은 티아민이라고 하며 이는 함유황 아민이란 뜻이며 항다발성 신경염이란 뜻으로도 이해된다. 비타민 B_1이 결핍되면 사람에서는 각기병이 되고, 동물에서는 신경염 증상에 걸리며, 피부 및 수족이 마비되고 부종을 일으킨다. 티아민은 장시간 가열조리하면 분자 내 화학구조가 끊어져 비타민으로의 기능이 상실된다. 또한 알칼리 조건 하에서 파괴되므로 완두콩의 녹색을 선명하게 유지하거나 말린 콩을 빨리 무르게 할 목적으로 식소다를 첨가하는 조리법은 영양상 바람직하지 못하다.

(1) 비타민 B_1의 구조 및 성질

비타민 B_1은 피리미딘핵과 티아졸핵이 결합된 것으로서 일반적으로 염산염으로 결정화된다. 비타민 B_1은 흰색 결정으로서 물에는 녹기 쉬우나 유기용매에는 잘 녹지 않는다. 열에 대한 안정도는 산성에서는 안정하나 중성, 특히 알칼리성에서는 불안정하다.

그림 7·1

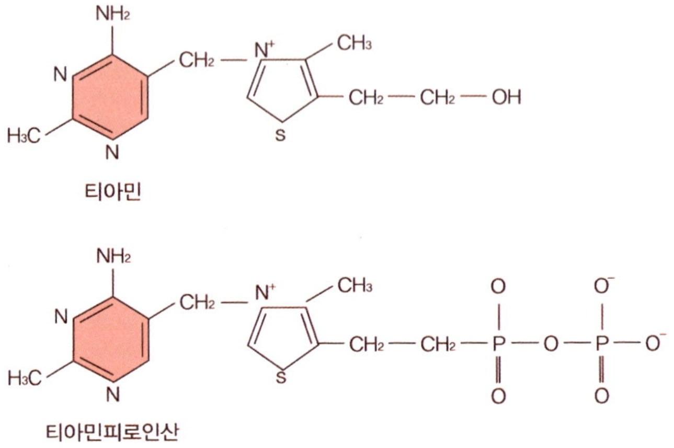

티아민

티아민피로인산

티아민과 티아민피로인산의 구조

(2) 식품 중 비타민 B_1의 분포

비타민 B_1은 동물계에 널리 분포되어 있으나 일반적으로 동물성 식품보다 식물성 식품에 많이 들어 있다. 식물성 식품에는 두류 · 곡류에, 동물성 식품에는 육류 · 물고기류 및 조개류 등에 많다.

천연에는 B_1을 분해하는 효소인 티아미나아제가 있어 이것이 B_1에 작용하면 B_1이 파괴된다. 이들 효소는 조개류, 물고기류의 내장, 고사리 또는 어떤 종류의 장내 세균에 들어 있으나 가열조리하면 이 효소가 불활성으로 되므로 실제로는 문제가 되지 않는다.

(3) 비타민 B_1의 체내기능

비타민 B_1은 다른 비타민 B복합체와 마찬가지로 조효소의 구성분이다. 티아민의 조효소로의 형태는 티아민에 인산기가 2개 결합한 티아민피로인산이다(TPP). 비타민 B_1의 주요 기능은 탄수화물의 대사인데, TPP가 조효소로 작용하는 주된 반응은 에너지 대사과정으로서 기질로부터 카르복실기를 CO_2 형태로 제거하는 탈탄산반응에 관여한다. TPP는 신경전달물질인 아세틸콜린의 합성을 도와주고 작용이 매우 활발한 신경조직에 에너지를 공급하기 위해 필요하며, 카테콜아민의 합성과 세로토닌을 시냅스로 유입하는 과정에 관여함으로써 신경자극의 전달을 조절하는 것이다. TPP는 DNA와 RNA 합성에 필요한 5탄당인 디옥시리보오스와 리보오스를 생성하는 오탄당 인산경로에서 케톨기 전이효소의 조효소로 작용하는데, 이 과정에서 NADPH가 생성된다.

따라서 비타민 B_1이 결핍되면 탄수화물의 에너지 대사가 원활하지 않아 ATP 합성이 저조해지고, 지방산과 핵산 합성에 이상을 가져와 이로 인해 신경전달 및 조절에 장애가 온다.

2) 비타민 B_2

비타민 B_2는 성장인자란 뜻에서 비타민 G라고도 하며, 또한 리보오스를 구성하므로 리보플라빈이라고도 한다. 특히 우유에는 락토플라빈, 난백에 오보플라빈, 간장에 헤파토플라빈이 있다. 리보플라빈은 여러 대사과정에서 다른 비타민 B복합체(비타민 B_6, 니아신, 티아민, 엽산)와 함께 작용한다. 비타민 B_2, B_1 및 니아신은 동일 식품에 동시에 함유되어 있어서 리보플라빈 단독으로 결핍되는 증세는 거의 없다. 결핍증세로는 성장정지, 피로, 식욕감퇴, 구각염, 설염, 귀, 코, 눈 주위에 피부염 등의 증상을 나타낸다. 비타민 B_2는 체내에 들어가면 산화환원효소에 관여하는 조효소의 형태(FMN, FAD)를 구성하는 것이다. 대부분의 식품에는 리보플라빈이 조효소로 함유되어 있고, 우유와 영양강화 곡류 식품에는 유리된 형태로 함유되어 있는데, 형태에 관계없이 모두 체내에서 이용될 수 있다.

(1) 비타민 B_2의 구조 및 성질

비타민 B_2의 구조식은 이소알록사진핵에 리비톨이 결합된 것이다. 비타민 B_2는 수용성 황색 결정인데, 순수한 결정은 물에 잘 녹지 않을 뿐 아니라 에테르, 아세톤, 클로로포름 등의 유기용매에도 잘 녹지 않는다. 산성 또는 중성에서는 열에 대해 안정하다. 비타민 B_2는 빛에 의하여 분해되기 쉬운데 중성 또는 산성에서는 루미크롬이 되고 알칼리성에서는 루미플라빈으로 변화된다.

그림 7·2

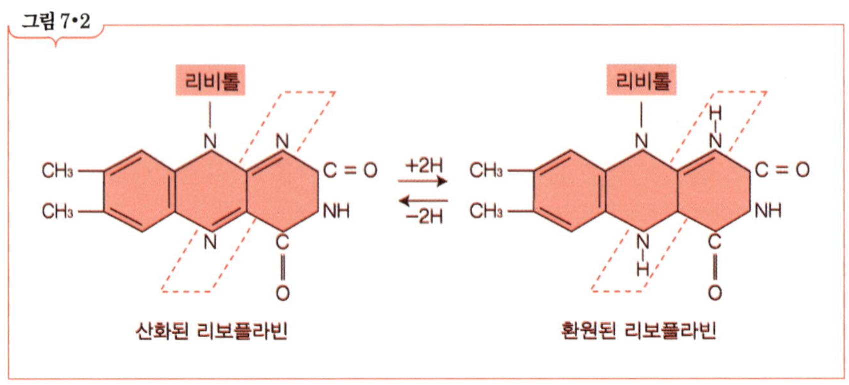

리보플라빈의 구조

(2) 비타민 B_2의 체내기능

비타민 B_2의 체내기능은 다음과 같다.

- FMN과 FAD가 여러 대사과정과 전자전달 P에서 산화-환원반응의 조효소로 작용한다. 영양소가 산화되어 에너지를 발생하는 TCA회로와 지방산 β-산화과정에서 FAD는 전자(수소)수용체로 작용하여 $FADH_2$로 환원된다.
- 리보플라빈은 글루타티온과산화 효소의 활성을 유지하는 과정에도 관여하므로 체내에서 항산화 기능도 하는 것으로 추정된다.

3) 비타민 B_6

비타민 B_6는 자연계에 존재하는 물질로 피리독신, 피리독살, 피리독사민 등 3가지가 있고, 인산결합체들은 B_6의 조효소로서 단백질 대사에 주로 관여하는 조효소이다. 항피부염성의 뜻인 아데민이라 하고, 비타민 B_6가 부족하면 생장정지, 두드러기, 피부염 등 B_2 결핍에 유사한 증상을 나타낸다.

(1) 비타민 B_6의 구조 및 성질

피리독살과 피리독사민은 산성 조건에서는 열에 대하여 안정하지만 알칼리 조건에서는 열에 불안정하고 비타민 B_6는 광선에 의해 빠른 속도로 분해된다. 동물성 식품에는 주로 피리독살이나 피리독살 5-인산이 단백질에 결합된 형태로 존재하며, 식물성 식품에는 피리독신과 피리독사민이 당과 결합된 형태로 존재한다. 비타민 B_6는 탄수화물, 지질, 단백질 대사에 필요한 여러 가지 효소의 활성화에 필요하다.

그림 7•3

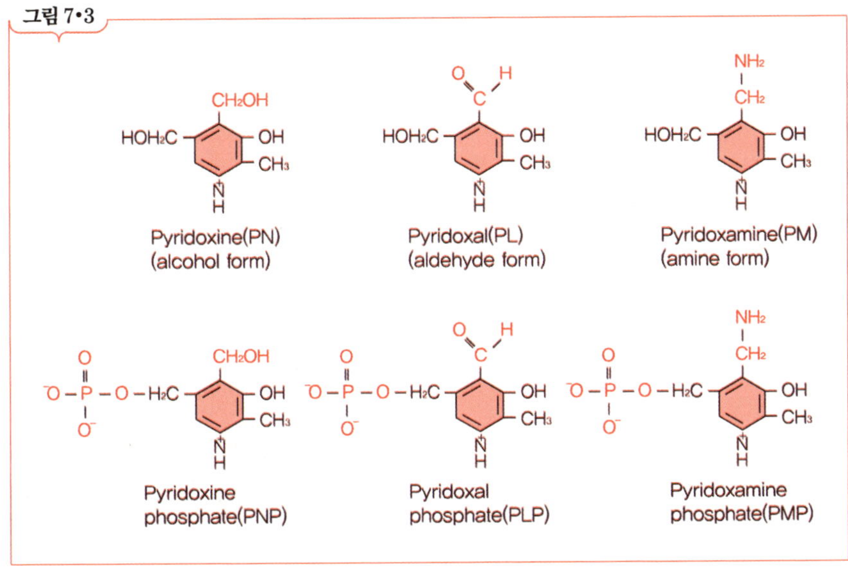

비타민 B_6 조효소 형태

(2) 비타민 B_6를 함유한 식품 및 소요량

비타민 B_6는 동물의 근육조직에 저장되어 있으므로 육류, 생선류, 가금류가 가장 우수한 급원식품이다. 동물성 식품 속의 비타민 B_6는 식물성 식품에 있는 것보다 쉽게 흡수되지만 밀의 배아, 밀겨, 전곡 등도 좋은 급원식품이다. 그러나 비타민 B_6는 곡류의 도정과정에서 손실되고 열과 알칼리에 불안정하므로 정제, 가공된 음식을 주로 먹는 사람들에게 간혹 부족될 수 있다.

우리나라 성인남녀의 하루 평균필요량은 남자 1.3mg, 여자 1.2mg이다.

(3) 비타민 B_6의 체내기능

비타민 B_6의 주요 기능은 다음과 같다.

- 아미노산과 단백질 대사과정에 관여한다.
- 혈구세포 합성으로, 즉 피리독살 포스페이트는 적혈구에서 산소를 운반해 주는 헤모글로빈의 포르피린 고리구조를 합성하는 데 중요한 역할을 한다.
- 탄수화물 대사로, 즉 비타민 B_6는 글리코겐 분해과정과 아미노산으로부터 당을 형성하는 당 신생과정에 참여한다.
- 신경전달물질을 합성한다.
- 노인인 경우 비타민 B_6, 엽산, 비타민 B_{12} 등이 부족한 식이를 섭취할 경우 심장병에 걸릴 확률이 높아진다는 보고도 있다.

4) 니아신

니아신은 니코틴산과 니코틴산아미드를 총칭한다. 니아신의 전구체가 트립토판으로 알려지면서 치료의 길이 열렸다. 피부염인 소위 펠라그라는 이탈리아 어원으로 'pell'은 피부의 뜻, 'agra'는 거칢의 뜻이다.

(1) 구조 및 성질

니코틴산 및 니코틴산아미드의 구조식은 아주 간단하다. 니아신은 무색의 침상결정으로서 열, 산, 알칼리, 빛, 산화제에 대해 안정하다. 니코틴산아미드를 알칼리 용

그림 7•4

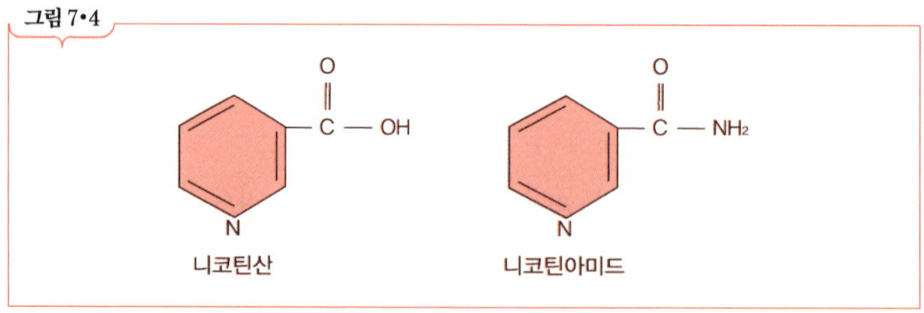

니아신의 2가지 형태

액과 함께 가열하면 니아신으로 분해된다.

(2) 니아신 함유식품 및 소요량

니아신의 함량이 높은 식품은 버섯, 참치, 닭고기, 칠면조, 아스파라거스, 땅콩, 밀기울 등이다. 동물성 단백질은 트립토판의 좋은 급원식품으로 우유류, 난류는 니아신을 거의 함유하지 않으나 간접적으로 니아신을 제공할 수 있는 트립토판을 다량 함유하고 있다. 육류와 곡류의 니아신 용량은 비교적 높다. 니아신의 필요량은 에너지 섭취량과 관계가 있으며 또한 식사 중 트립토판의 양에 따라 달라진다. 트립토판 60mg은 니아신 1mg으로 전환되며 니아신 중 50%를 트립토판으로부터 합성한다. 따라서 우리나라 성인남녀의 하루 평균필요량은 남자 12mg, 여자 11mg이다.

(3) 니아신의 체내기능

니아신의 주요 기능은 다음과 같다.

- 체내의 산화-환원반응에 관여한다. 특히 ATP를 생성하는 과정, 즉 열량 영양소들의 대사과정에 필수적인 조효소로 작용한다.
- 니아신은 심장병 환자들의 혈청 콜레스테롤 수치를 낮추는 약리작용을 한다.
- 니아신은 혈관 확장제로 이용되는데, 피부홍조, 소화기관 장애, 가려움증 등의 부작용이 나타날 수 있다.

  ※ 참고로 펠라그라의 3대 증상은 피부염, 설사, 지능저하 등이다. 또한 니아신과 트립토판이 결핍되면 펠라그라에 걸린다.

5) 판토텐산

판토텐산은 어느 곳에나 있는 산이란 뜻의 '판토텐'으로서 식품 중에 광범위하게 분포하며, 그 작용은 당질과 지질의 대사에 관여하여 피부의 영양을 강화하며 동창, 습진 등의 예방치료에 유효하고 백발방지에도 효과가 있다. 그리고 물에 잘 녹고 산성백토에 잘 흡착되지 않고 여액 쪽으로 들어가므로 일명 여과성인자라고도 한다.

(1) 판토텐산의 구조, 성질 및 생리작용

판토텐산은 판토산과 β-알라닌이 펩티드결합을 한 것이다. 보통 Ca염으로 합성된다. 이것은 높은 수율이다. 유리한 상태의 것은 점질성 노란 기름 모양을 띤다.

물과 빙초산에는 잘 녹으나 클로로포름에는 잘 녹지 않는다. 산 · 알칼리 · 열에 대하여 안정하다. Ca염은 물에 7% 정도 녹으나 알코올에는 녹지 않는다. 판토텐산 함유식품 및 판토텐산 소요량은 사람의 체중 1kg당 판토텐산칼슘 100μg 정도라 하는데, 이 정도는 보통 식사로써 충분하다.

판토텐산은 모든 식품에 널리 들어 있으나 특히 많이 들어 있는 것은 버섯 · 간 · 땅콩 · 닭고기 · 곡류 등이다. 우유 · 채소 · 과일 등에는 소량 함유한다. 판토텐산은 일반조리과정이나 저장 중에는 잘 보유되지만 통조림 열처리과정 등에서 파괴된다. 우리나라 성인남녀의 하루 충분섭취량은 5mg이다.

그림 7•5

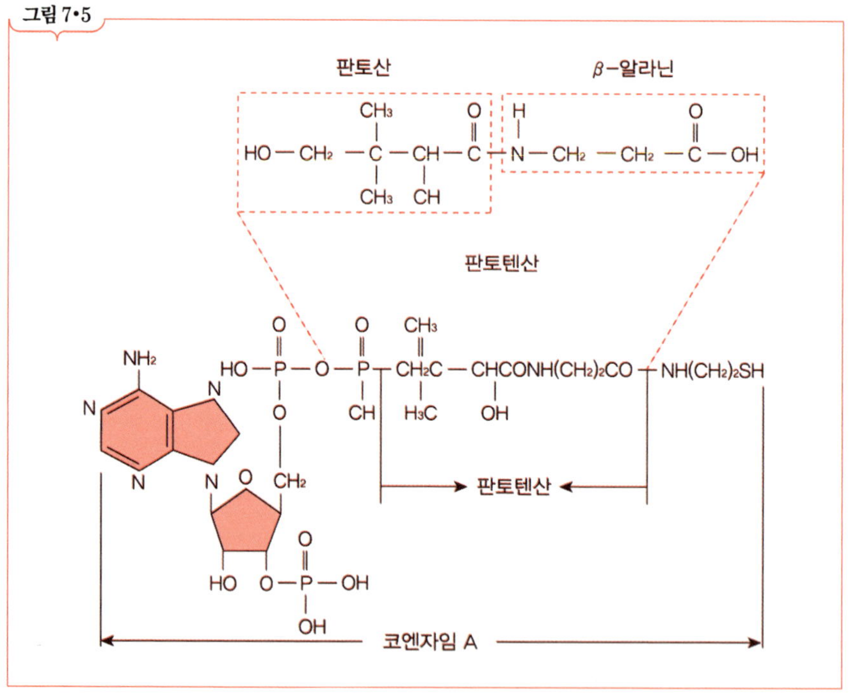

판토텐산과 CoA의 구조

(2) 판토텐산의 체내기능

판토텐산은 영양소의 산화과정뿐만 아니라 지방산, 콜레스테롤, 스테로이드 등의 지질 합성, 신경전달물질 합성 등 여러 반응에 참여하고 있다. 즉 지방산 합성, 아미노산의 아세틸화반응, 아세틸기의 활성화반응, 헴의 합성 등이다. 판토텐산이 결핍되기 쉬운 조건으로는 알코올중독, 당뇨병, 궤양 및 과립상 대장염 등이 있다.

6) 비오틴

비오틴은 황을 함유한 수용성 비타민으로서, 이 비타민은 보아스(Boas, 1927)가 항난백장해인자로서 발견하였는데, 기오르기(Gyorgi, 1931)는 이들 인자가 피부염에 관계가 있어 항피부염인자인 점에서 비타민 H라 한다.

한편 쾨글(Kogl, 1936)은 인공배지에서 효모를 배양할 때 미지의 증식인자를 분리하는데 성공하며, 이것을 비오틴이라 명명하였다. 비오틴은 일반 피부염에 유효하며, 특히 날달걀을 많이 먹었을 때 생기는 피부염에 유효하다. 또 털의 발육 불량은 이 비타민의 결핍에 기인하는 것이다.

(1) 구조 및 성질

비오틴의 결정은 색이 없는 사상결정으로서 더운물과 묽은 알칼리 용액에 녹으나, 보통 물과 묽은 산에는 잘 녹지 않고 기름에도 녹지 않는다. 그 수용액은 열에 안정

그림 7•6

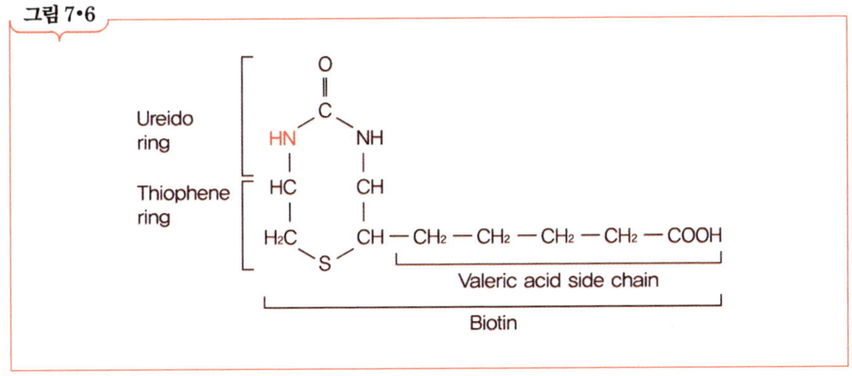

비오틴의 구조

하나 강한 산과 알칼리와 함께 장시간 가열하면 분해한다. 그러나 보통 조리에서는 안정하다.

(2) 비오틴 함유식품 및 소요량

일반식품에 널리 들어 있을 뿐 아니라 실제로 날달걀을 너무 많이 먹는 경우는 적고, 또한 장내 세균에 의해 합성되므로 사람에게 비오틴 결핍증은 별로 나타나지 않는다. 비오틴의 영양밀도가 높은 급원식품으로 난황 · 간 · 땅콩 · 대두밀 · 이스트 · 치즈 등이 있으며, 채소류 · 과일류 · 육류 등은 좋은 급원식품이 아니다. 우리나라 성인 남녀의 하루 충분섭취량은 3,020μg이다.

(3) 비오틴의 체내기능

비오틴의 주요 기능은 포도당 합성 및 지방산 합성과정에서 조효소로 작용하며 아미노산으로부터 에너지 생성과정과 DNA 합성에서도 중요한 역할을 한다. 비오틴은 생체 내 대사과정 중 카르복실기를 제공하는 카르복실화효소의 조효소로 작용한다. 또한 CO_2를 제거하는 탈탄산효소의 조효소로도 작용하는데, 이는 카르복실화반응과 카르복실기 전이반응 등이다.

7) 엽산

엽산이란 용어가 라틴어인 폴리엄에서 유래하였고, 녹색식물의 잎에 들어 있다는 뜻에서 엽산이라 한다. 엽산이 결핍되면 악성빈혈이 일어나는데 임산부의 빈혈 등을 그 결핍증으로 들 수 있다. 특히 엽산과 비타민 B_{12}의 결핍증세는 매우 유사한데, 이는 두 비타민 모두가 DNA 합성과정과 세포분열에 필요하며 생화학적으로 서로 관계가 있기 때문이다.

(1) 엽산의 구조 및 성질

엽산은 프테리딘, 파라-아미노 벤조산 및 글루탐산이 결합되어 있다. 엽산은 엷은 황색의 결정으로 물에 녹기 쉽고 산에 불안정하며 열에 비교적 안정하다. 그리고 광선에 의해 쉽게 파괴된다.

그림 7•7

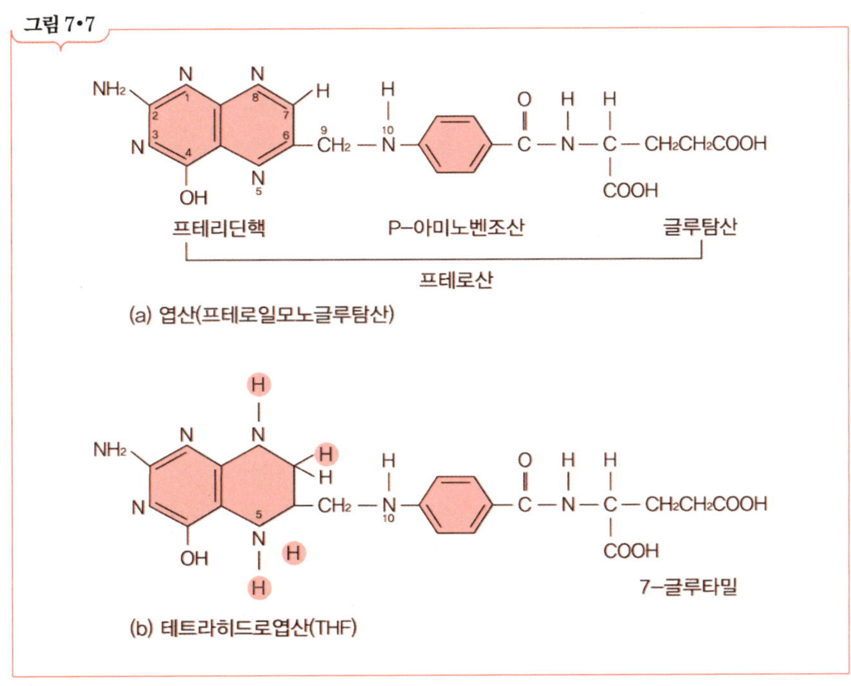

엽산의 구조

(2) 엽산 함유식품 및 소요량

시금치, 근대, 브로콜리, 아스파라거스 등의 녹색채소에 많이 함유되어 있고, 두류에는 강낭콩과 완두콩, 과일 중에는 오렌지와 바나나, 육류에는 소와 닭의 간에 다량 함유되어 있다. 특히 한 컵의 오렌지주스는 100㎍의 엽산이 함유되어 있으므로 비타민 C도 들어 있는데, 비타민 C는 엽산이 산화로 인해 파괴되는 것을 보호하는 역할을 한다. 엽산은 산화되어 파괴되기 쉬우므로 식품을 조리 · 가공하는 과정에서 50~90%까지 파괴된다. 따라서 조리할 때 지나친 열처리를 하지 않는 것이 좋다. 우리나라 성인남녀의 하루 섭취권장량은 320㎍ DFE이고, 임신 시에는 200㎍DFE를 추가로 더 섭취해야 한다.

(3) 엽산의 체내기능

엽산은 인체, 포유류, 박테리아의 성장인자로 작용하며 항빈혈작용을 하는 물질이다. 엽산과 비타민 B_{12}의 대사과정은 생화학적으로 상호 밀접하게 연관되어 있다. 혈관성 치매의 중요한 위험인자인 호모시스테인(homocysteine)을 쉽게 낮출 수 있는 물질이 바로 엽산이다. 호모시스테인은 콜레스테롤이나 흡연 등으로 혈관을 손상시키는 물질이다.

8) 비타민 B_{12}

동물성 식품에만 함유되어 있다. 식물성 식품에는 비타민 B_{12}가 함유되지 않으나 박테리아, 세균 등의 미생물이 비타민 B_{12}를 합성할 수 있으므로 토양에는 풍부하다. 이 비타민 B_{12}가 항악성빈혈인자, 동물단백질인자(APF) 또는 젖산균의 발육을 촉진시키는 효과가 있으므로 LLD인자라고도 한다.

비타민 B_{12}는 악성빈혈에 가장 유효한 인자이다. 또한 핵산 합성에 유효하고, 여러 가지 아미노산의 생성이 저해되었을 때 조직단백질을 정상으로 하는 효과가 있을 뿐 아니라 탄수화물 및 지질의 대사에도 상당히 관계가 있다.

(1) 비타민 B_{12}의 구조 및 성질

이는 많은 종류가 있으나, 보통 시안(CN)과 코발트(Co)를 함유하고 있는 시아노코발아민을 비타민 B_{12}라 하고 있다.

(2) 비타민 B_{12}의 함유식품 및 소요량

비타민 B_{12}는 육류, 가금류, 어패류에 풍부하며, 비타민 B_{12}가 많은 식품은 내장육(간, 신장 및 심장육) · 어패류 · 쇠고기 · 달걀 · 소시지 · 햄 등이며, 우유와 유제품에도 많이 함유되어 있다. 19세 이상 성인의 하루 평균필요량은 2.0㎍이다.

(3) 비타민 B_{12}의 체내기능

비타민 B_{12}의 주요 기능은 메티오닌(methionin) 합성, 신경섬유의 수초 유지 등이다.

그림 7•8

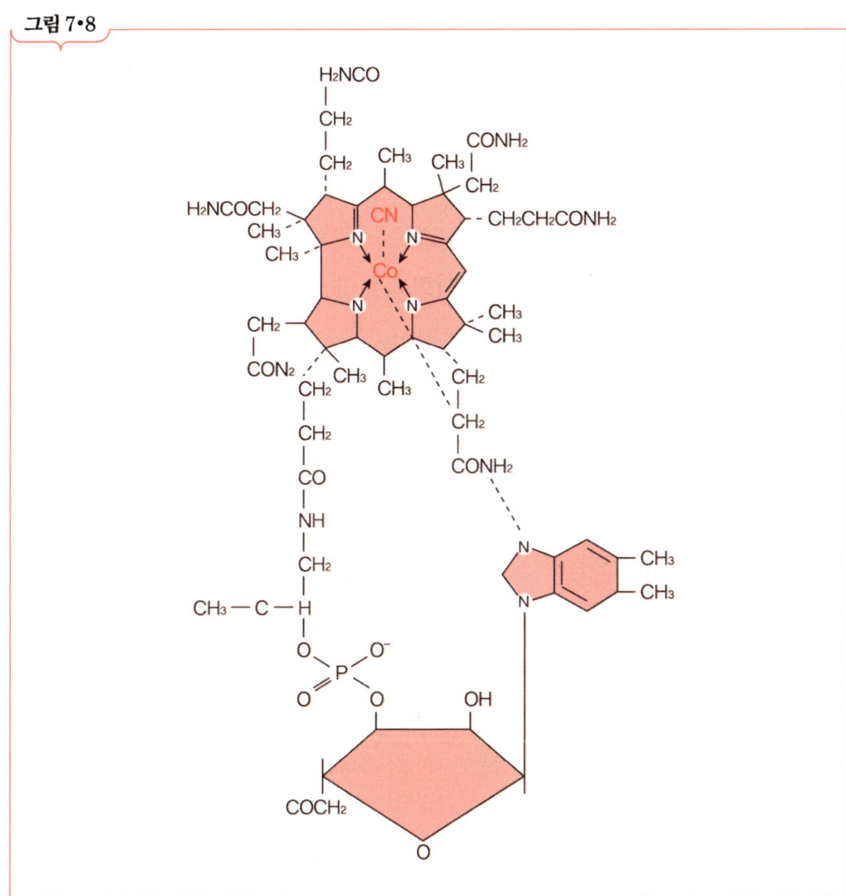

비타민 B_{12}의 구조

9) 비타민 C

비타민 C는 항괴혈병성 산이란 뜻으로 아스코르빈산이라고도 한다. 비타민 C가 결핍되면 빈혈을 일으키고 치근 · 점막 · 피부에 출혈이 일어난다. 이 과정은 아직 확실하게 밝혀지지 않았으나 간질세포, 예를 들면 근육의 섬유조직 · 뼈 · 상아질 · 혈관내피 등에 겔상 물질이 비타민 C 결핍으로 생성되지 않는다. 이 밖에 티로신, 페닐알라닌, 트립토판의 대사에도 관여한다.

(1) 비타민 C의 구조 및 성질

비타민 C는 L형으로서 L-아스코르빈산이라고 하며, 당과 유사한 구조를 가지고 있다. 물에 잘 녹으며 수용액에서 산성을 나타낸다. L-아스코르빈산은 강한 환원성을 나타낸다. 즉 L-아스코르빈산 자체는 쉽게 산화되는데, 이것은 C_2와 C_3의 OH에서 H가 유리하여 L-아스코르빈산이 디하이드로 아스코르빈산이 되는 까닭이다.

아스코르빈산 수용액은 공기에 의해 산화되는데 Cu · Fe 등의 금속이온에 의해 촉진된다. 공기가 없을 때는 열에 대해 안정하다.

그림 7•9

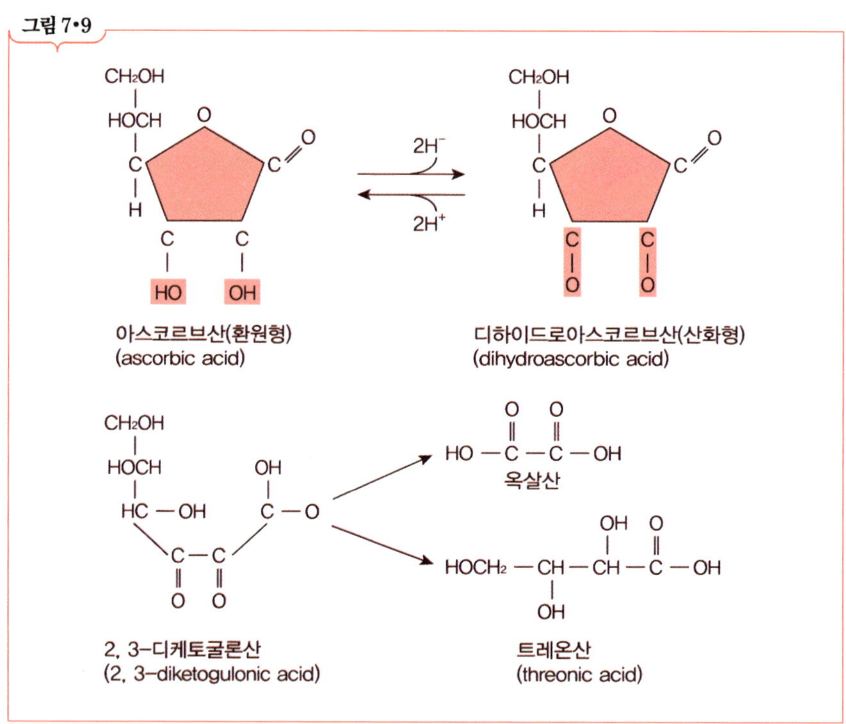

비타민 C의 구조

(2) 비타민 C의 함유식품 및 소요량

비타민 C는 쉽게 산화되므로 저장, 조리 및 가공과정, 계절변화에 민감하다. 비타민 C의 주요 급원식품은 감귤류와 녹색채소로서 오렌지 · 자몽 · 토마토 · 레몬 등이다.

채소나 과일에 들어 있는 천연방부제인 이소아스코르빈산은 비타민 C의 활성은 없으나 체내에서 항산화제로 작용한다. 일반적으로 채소의 조리 시 가장 손실되기 쉬운 비타민 성분이 바로 비타민 C이다. 난류, 우유 및 유제품에는 소량 들어 있고, 곡류에는 거의 없다. 토마토의 경우 색도가 진할 때 비타민 C 함량이 높다. 우리나라 성인남녀의 하루 평균필요량은 75mg이며, 상한섭취량은 2,000mg이다.

(3) 비타민 C의 체내기능

스트레스를 받으면 아드레날린이라는 호르몬이 분비되어 스트레스와 싸운다. 이 아드레날린 분비에 있어 가장 중요한 원료가 비타민 C이다. 즉 비타민 C를 공급하지 않으면 아드레날린이 분비되지 않고 스트레스를 많이 받게 되면 심할 경우 죽을 수도 있다. 항산화 비타민 중 비타민 C는 심장병을 줄이고, 당뇨합병증을 억제하며 다발성관절염과 조산을 예방한다. 그러나 비타민 C를 과용할 경우 지질을 분해하여 DNA 손상을 유발하는 독성 물질을 만든다.

① 비타민 C의 생화학적 기능

- 중요 기능 : 콜라겐 합성, 카르니틴 합성, 도파민의 수산화운동, 펩티드의 아미드 형성 반응
- 다른 기능 : 중금속에 의한 독성 예방, 콜레스테롤 분해, 면역기능, 엽산의 환원 유지, 철분의 흡수 조절

② 비타민 C가 결핍되기 쉬운 조건

- 알코올중독, 흡연, 노화, 식이섭취 부족, 스트레스, 갑상선 기능항진, 암환자

10) 비타민 P

비타민 P는 모세혈관의 침투성을 조절한다는 뜻에서 명명한 것으로 시트린이라 한다. 비타민 P에는 헤스페리딘, 에리오딕틴, 루틴 등이 있으나, 그 중 헤스페리딘이 가장 일반적인 것이다. 비타민 P가 결핍되면 혈관의 침투성이 커져서 혈액이 침투되어

피부에 자색 반점이 생기게 된다. 비타민 P는 비타민 C와 협동하여 모세관의 기능을 정상적으로 유지하는 작용이 있다.

비타민 P는 어느 것이나 모두 플라보노이드에 2당류인 루티노스가 결합한 배당체이다. 비타민 P는 그 소요량은 분명하지 않으나 비타민 C와 같이 비교적 많은 양이 소요되는 것으로 생각된다. 엽채류에 널리 분포되고 감귤류 및 과피에도 많이 들어 있다.

【2.2】 지용성 비타민

지용성 비타민은 그 섭취나 흡수 및 대사과정이 식이지방의 양이나 형태, 흡수 및 대사와 밀접한 관련이 있다. 따라서 지방의 흡수나 대사에 이상이 있을 경우 지용성 비타민에 대해서도 비슷한 효과가 금방 나타난다. 일반적으로 지용성 비타민은 소변으로 배설되지 않고 극성 대사물에 한해 소량이 소변으로 배설되며 일부는 담즙으로 배설되고 체내에 상당량 저장될 수 있다. 따라서 그 저장량이 지나치게 많거나 섭취량이 과할 때는 과잉증 또는 독성이 나타날 수 있다. 이 독성은 특히 비타민 A와 D의 경우에 쉽게 볼 수 있으며, 1일 권장량의 5~10배 정도의 그리 많지 않은 양이라도 장기간 섭취하면 과잉증이 나타날 수 있다.

1) 비타민 A

비타민 A는 담황색 유상물질로서 시각, 성장, 생식, 세포분화 및 증식에 관여하며, 최근에는 폐암, 식도암, 자궁경부암 등의 발생을 억제하는 항암효과도 밝혀지고 있다. 천연에는 비타민 A_1 및 A_2가 있다. 비타민 A_1은 해산물의 간유에, A_2는 담수어의 간유에 주로 많이 들어 있다. 이 밖에 고래의 간유 중에는 키톨이 들어 있어 150~300℃로 가열하면 가수분해되어 비타민 A로 변한다. 비타민 A가 결핍되면 야맹증, 건조성 안염, 각막연화증 등이 생긴다.

(1) 화학구조 및 성질

비타민 A의 구조는 β-이오논핵과 이소프렌 사슬로 되어 있다. 그리고 비타민 A의 구조식 끝에는 알코올기가 있으므로 비타민 A 알코올이라고도 하며, 식품에는 대부분 이러한 구조로 들어 있다.

간유 중에 있는 비타민 A_1의 약 70%는 트랜스형이나 약 30%는 시스형이라 한다. 이 밖에 비타민 A_1의 알코올기가 팔미트산, 기타의 고급 지방산과 결합하여 함유된 것도 있다. 담수어 간유 중의 비타민 A는 해수어에 들어 있는 비타민 A_1과 다른 비타민 A_2의 구조를 가지고 있다. 비타민 A_1은 물에 녹지 않으나 기름 및 유기용매에 잘 녹는 황색 침상 결정이다.

또한 상온에서 점조성을 가진 수지 상태를 띠며, 열에 대해서는 비교적 안정하나 이중결합을 많이 가지고 있으므로 빛과 공기 중의 산소에 의해 산화·분해되기 쉽다. 그러나 알칼리성에서는 비교적 안정하다.

(2) 식품 중 비타민 A의 분포

비타민 A의 가장 좋은 급원은 동물의 간, 어유, 달걀 등이고, 비타민 A 전구체인 카로티노이드는 주로 녹황색 채소, 몇몇 과일류들에 존재한다. 당근, 호박, 녹색 엽채류, 옥수수, 토마토, 오렌지, 귤 및 김 등에 카로티노이드 함량이 높은데, 이들의 색깔이 짙다고 해서 카로티노이드 함량이 높은 것은 아니다. 토마토의 경우 리코펜 함량이 제일 높아 색깔이 짙지만, 이 리코펜은 비타민 A의 활성이 없다.

단위무게당 또는 단위에너지당 비타민 A 함량이 가장 높은 것은 동물의 간이며, 식물성 식품의 카로틴 함유량은 당근에 가장 많이 들어 있으며 시금치, 무 등의 푸른 잎 식품에도 비교적 많다. 특히 김 등에도 카로틴이 많이 함유되어 있으나 흡수율이 대단히 나쁘다. 우리나라 국민은 비타민 A의 80% 이상을 카로티노이드에서 섭취한다.

(3) 비타민 A의 체내기능

비타민 A의 주요 기능은 시각 관련 기능으로 망막의 간상세포와 원추세포가 각각 어두운 곳과 밝은 곳의 시각작용을 담당한다. 간상세포에서 레티날은 단백질인 옵신과 결합하여 로돕신을 형성하며, 이것은 약한 빛을 감지할 수 있어 어두운 곳에서의 시각기능에 필수적이다. 비타민 A는 세포분화 관련 기능인 상피세포가 분화되는 과정에 관여하는 비타민이다. 핵의 레티노산 수용체에 레티노산이 결합함으로써 유전자의 발현을 활성화 또는 저해하여 세포분화를 조절한다. 이러한 비타민 A의 작용은 특히 배아의 발달과정에서 중요하다. 비타민 A가 결핍된 동물의 배아는 제대로 발달되지 못해 기관의 분화가 일어나지 못하므로 기형 또는 사산으로 이어질 수 있다. 또한 세포분화는 점액분비 세포와 뮤코 다당류의 합성에 매우 중요하다. 따라서 비타민 A가 부족하면 점액분비 저하로 각막의 상피세포, 폐, 피부 장점막 등의 각질화가 발생한다. 항암작용 및 항산화작용도 있다. 비타민 A 자체의 항암효과보다는 카로티노이드들의 항암효과에 관해 더 많은 연구가 이루어졌다.

2) 비타민 D

비타민 D에는 비타민 D_2, D_3, D_4, D_5, D_6 등이 있으나 중요한 것은 D_2와 D_3이며, 다른 비타민과 달리 비타민 D는 체내 합성이 가능하고, 이는 스테로이드 호르몬과 유사하여 프로 호르몬으로 분류하기도 한다. 비타민 D는 석회화와 관계가 있어 칼시페롤이라고도 한다.

비타민 D는 동물체 내의 인산과 Ca을 결합시켜 인산칼슘을 만들어 뼈를 이루게 하는 작용이 있다. 따라서 비타민 D가 부족하면 동물체 내에서 석회화가 잘 안되어 소아는 구루병, 어른은 골연화증에 걸리며, 임산부 및 수유부는 뼈나 치아의 탈회현상이 일어난다.

(1) 비타민 D와 프로비타민 D의 화학구조 및 성질

비타민 D는 스테롤핵을 가진 프로비타민 D가 자외선의 조사를 받아 생기는 것이다. 즉 프로비타민 D는 C_5와 C_6, C_7과 C_8 사이에 이중결합을 가지고 있는데, 이것이 자외선에 의해 C_9와 C_{10}의 결합이 끊어져 C_{10}에 결합한 메틸기가 메틸렌기로 변화하여 비타민 D가 되는 것이다.

이 때 R은 여러 가지가 있어 R의 종류에 따라 각기 다른 비타민 D가 생기게 된다. 비타민 D는 일반적으로 안정한 지용성 비타민으로서 열에 안정하나 알칼리성에서는 불안정하여 쉽게 분해되며 산성에서도 천천히 분해된다.

그림 7·10

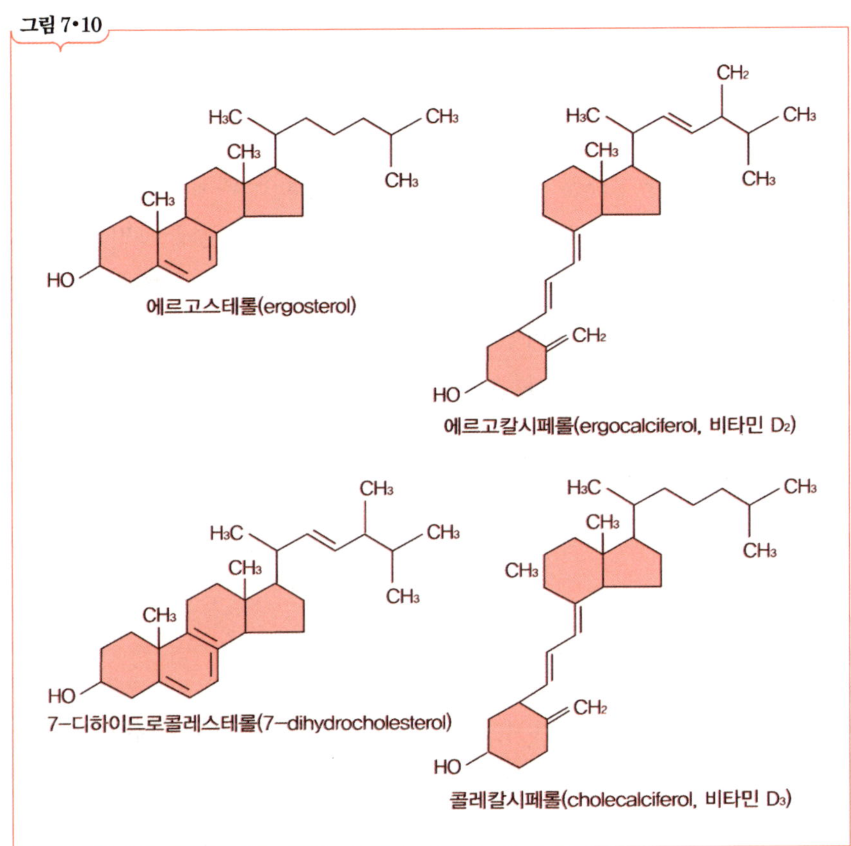

비타민 D_2, D_3 및 전구체의 구조

(2) 식품 중의 비타민 D 분포

비타민 D가 가장 많은 식품은 간유이다. 그러나 비타민 A가 많이 든 간유라 하여 반드시 비타민 D가 많은 것은 아니다. 연어의 살, 버터, 달걀 등에도 비교적 많이 들어 있다. 젓갈류 중에는 극히 적게 들어 있으나 자외선을 조사하여 비타민 D로 변화시키는 강화법이 쓰이기도 한다.

식물성 식품에는 비타민 D가 들어 있지 않으나 효모, 사상균, 버섯류에는 에르고스테롤이 많이 들어 있다.

(3) 비타민 D의 체내기능

비타민 D의 주요 기능은 혈중 칼슘농도를 조절한다. 즉 비타민 D의 가장 잘 알려진 기능은 부갑상선 호르몬(PTH)과 함께 혈장의 칼슘 항상성을 유지하는 것이다. 이러한 작용은 뼈의 대사와 구조뿐 아니라 칼슘이온의 유출에 의해 조절되는 세포나 신경의 기능을 유지하는 데 중요하다. 즉 활성형 비타민 D는 첫째, 소장점막세포에서 칼슘과 인의 흡수를 촉진시킨다. 둘째, 파골세포에서 뼈의 칼슘이 혈액으로 용해되어 나오는 것을 촉진한다. 셋째, 비타민 D는 신장에서 칼슘의 배설을 감소시킨다. 따라서 즉각적으로 혈장의 칼슘농도를 증가시키며 뼈에 칼슘이 축적되는 것을 조절한다. 비타민 D는 면역조절세포 · 상피세포 · 악성종양세포 등 여러 세포의 증식과 분화의 조절에도 관여한다. 또한 근력발달 · 면역 · 상피세포의 분화 · 성숙 등에도 관여하며, 비타민 D를 섭취함으로써 유방암 · 결장암 · 전립선암 등의 발생을 억제한다고 한다.

3) 비타민 E

비타민 E는 1922년 에반스와 비숍(Evans & Bishop)이 숫쥐에 산패된 라드를 먹여 실험한 결과, 식물성 기름에 숫쥐의 생식에 필수적인 성분이 있음을 발견하여 이를 토코페롤이라 명명하였고, 슈어에 의해 비타민 E로 명명되었다. 비타민 E가 결핍되면 숫쥐에서는 고환의 퇴화, 암쥐에서는 유산이 일어난다. 이와 같이 비타민 E는 출산과 관계가 있다고 하며 토코페롤이라고도 한다. 우리가 섭취하는 식물성 식품에 함유된 비타민 E는 서로 다른 생물학적 활성을 갖는 4개의 토코페롤과 4개의 토코트리에놀을 합하여 8개의 천연 화합물로 구성되어 있다.

(1) 비타민 E의 구조와 성질

비타민 E는 토콜의 유도체로서 코로만핵에 결합하는 메틸기의 수와 위치에 따라 여러 종류가 생긴다.

비타민 E는 물에는 녹지 않으나 에테르, 벤젠 등에 잘 녹으며, 공기 중의 산소 · 열 · 빛 등에 대하여 비교적 안정하다. 또 이들은 쉽게 산화될 수 있으므로 항산화제로 작용한다.

그림 7•11

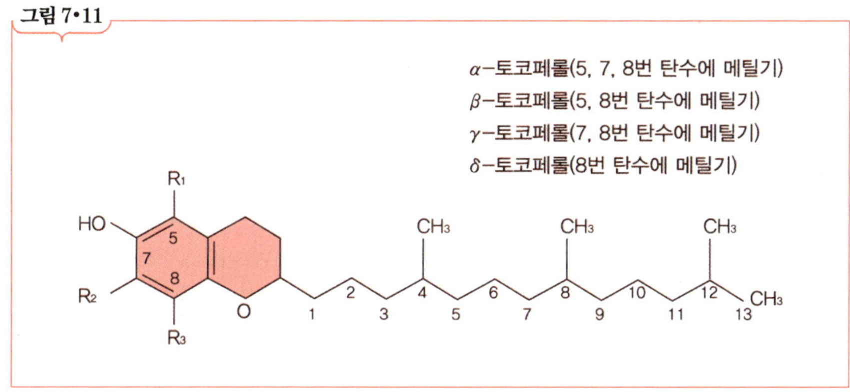

비타민 E의 구조

(2) 식품 중 비타민 E의 분포

비타민 E는 식물성 기름, 밀의 배아, 땅콩, 아스파라거스, 마가린 등에 많이 존재한다. 식품 내 함량은 불포화지방산과 밀접한 관계가 있으며, 특히 리놀레산의 농도와 비타민 E의 농도는 관련이 있다. 곡류나 다른 종자류의 배아에는 식물성 기름이 풍부하나, 종자로부터 기름을 추출하는 방법과 정제과정에 따라 실제로 섭취하는 기름 내의 비타민 E의 양은 다르다.

시판되는 식물성 기름을 생산하는 과정에서 비타민 E의 2/3가 손실된다. 밀을 제분하는 과정에서 배아가 떨어져 나가므로 대부분의 비타민 E가 손실되며, 이 때 남은 소량의 비타민 E도 표백과정에서 거의 소실되며, 간을 제외한 동물성 식품은 비타민 E가 거의 함유되어 있지 않다. 또한 비타민 E는 산소, 금속, 빛에 노출되거나 기름에 과도하게 튀기면 쉽게 파괴되므로 식품 내의 비타민 E 함량은 수확, 정제, 보관, 조리 방법에 따라 달라져야 한다.

(3) 비타민 E의 체내기능

비타민 E의 주요 기능은 항산화제의 기능이다. 지용성 영양소의 이중결합이 파괴되는 것을 보호, 적혈구막 보호, 노화의 지연, 면역반응 증진, 암의 예방 및 분변 내 돌연변이원 생성억제, 심혈관 질환의 예방, 신경과 근육의 기능 유지 및 운동능력 개

선 등이다.

4) 비타민 F

비타민 F는 리놀레산, 리놀렌산 및 아라키돈산인 소위 필수지방산이나 이들 양이 비타민보다 많이 소요되므로 현재는 보통 필수지방산(EFA)이라고 하는 경우가 많다. 이들 불포화지방산이 결핍되면 탈모증이 생기며, 사람에 있어서는 기관지염 및 습진 등이 나타난다.

사람은 보통 총 칼로리의 1%를 함유하는 양이면 적당하다고 한다. 대부분의 식물유는 리놀레산, 리놀렌산이 많이 들어 있으나, 동물성 유지에는 적게 들어 있다. 그리고 우유에는 사람 젖의 약 1/10밖에 들어 있지 않다.

5) 비타민 K

비타민 K는 피가 날 때 혈액을 응고시켜서 출혈을 막는 효과가 있다. 따라서 혈액 응고와 관계가 있으므로 그 첫 자를 따서 비타민 K라 명명하였다. 비타민 K에는 K_1, K_2, K_3, K_4, K_5, K_6 및 K_7의 7가지 종류가 있으나, 그 중 K_1 및 K_2만이 자연계에 있고 나머지는 합성품이다. 사람에게 비타민 K가 결핍되면 피부에 출혈증상이 나타나고 혈액의 응고성이 낮아진다. 실제로 사람에게 비타민 K의 결핍증은 일어나지 않는다. 왜냐하면 일반식품에 비타민 K가 들어 있는 동시에 장내에서 합성되기 때문이다.

(1) 비타민 K의 구조와 성질

비타민 K는 모두 나프토퀴논의 유도체이며, K_1을 필로퀴논이라 하고, K_2는 파노퀴논이라 하기도 한다.

비타민 K_1은 상온에서 담황색 유상으로 저온에서 결정이 되며, 빛에 의해 쉽게 분해된다. 열에는 안정하나 강한 산 또는 산화에는 불안정하다. K_2는 담황색 결정이나 빛과 알칼리에 대해 K_1보다 안정하다.

그림 7•12

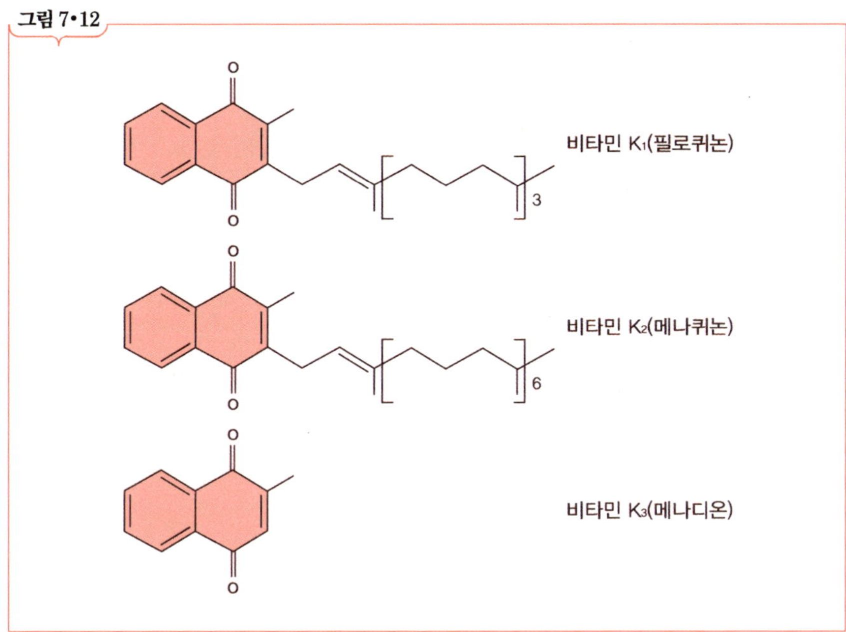

비타민 K의 구조

(2) 비타민 K의 체내기능 및 소요량

비타민 K의 주요 기능은 간에서 혈액응고인자의 합성에 관여하는 것이다. 몇몇 혈액응고인자들은 간에서 불활성형 단백질의 형태로 합성되며, 활성화되기 위하여 비타민 K가 필요하다.

우리나라 성인남녀의 하루 충분섭취량은 남자 75μg, 여자 65μg이다.

Practice 연습문제

01 수용성 비타민의 종류에 대해 알아봅시다.

02 리보플라빈의 구조에 대해 알아봅시다.

03 니아신의 체내 기능에 대해 알아봅시다.

04 비타민 C의 구조에 대해 알아봅시다.

05 비오틴의 체내 기능에 대해 알아봅시다.

06 비타민 A의 구조에 대해 알아봅시다.

07 프로비타민 D의 화학 구조에 대해 알아봅시다.

08 활성형비타민 D의 기능에 대해 알아봅시다.

09 식품 중 비타민 E의 분포에 대해 알아봅시다.

10 비타민 K의 구조에 대해 알아봅시다.

무기질

01. 무기질이란

자연계에 존재하는 물질 중 탄소를 함유하는 물질을 유기질, 탄소를 함유하지 않는 물질을 무기질이라고 하며 체내의 여러 생리기능을 조절 · 유지하는 데 중요한 역할을 한다. 무기질은 단일원소 그 자체가 영양소이며, 태우면 회분, 즉 재로 남는다. 또한 무기질은 체내에서 합성이 가능하지 않기 때문에 반드시 식품을 통해 섭취해야 하며, 인체의 약 96%는 유기물질을 구성하는 탄소, 수소, 산소 및 질소로 구성되어 있고, 무기질은 인체의 4% 정도를 구성한다.

02. 무기질의 분류

무기질은 신체 내에 존재하는 양을 근거로 다량 무기질과 미량 무기질로 분류된다. 무기질 중 칼슘, 인, 마그네슘, 황, 나트륨, 칼륨, 염소 등은 체내에 상당량 존재하여 다량 무기질이라고 하며, 철, 요오드, 망간, 구리, 아연, 코발트, 플루오르 등은 체내에 소량 존재하여 미량 무기질이라고 한다. 또는 하루에 식사를 통하여 섭취해야 하는 필요량이 100mg 이상인 무기질을 다량 원소 또는 다량 무기질로 분류하는 한편, 1일 필요량이 100mg 이하인 무기질은 미량 원소 또는 미량 무기질로 구분한다,

【2.1】 다량 무기질

1) 칼슘

인체 내 무기질 성분 중 가장 많이 함유된다. 인체 체중의 1.5~2.2% 정도가 칼슘이다.

(1) 체내기능 작용

- 골격구성 : 체내 존재 칼슘의 99%가 골격과 치아에 존재한다.

- 혈액응고: 출혈 시 프로트롬빈을 트롬빈으로 전환되며, 피브리노겐을 불용성 피브린으로 전환되어 혈액이 응고된다.
- 신경전달: 세포 내 칼슘의 농도가 높아지면 신경전달물질이 방출되어 신경자극이 일어난다.
- 근육이완 및 수축: 신경자극으로 근육이 흥분되면 칼슘이 방출되어 액틴과 미오신이 결합하여 근육이 수축되고 칼슘이 세포 내로 돌아가면 두 단백질이 분리되어 근육이 이완된다.
- 효소의 활성화
- 삼투압 유지

(2) 함유식품과 섭취량

우리나라 19~29세 이상 성인남녀의 하루 권장섭취량은 남자 750mg, 여자 650mg이며, 임신기에는 하루 280mg, 수유기에는 하루 370mg을 추가적으로 섭취할 것을 권장한다. 급원식품으로 체내 이용률이 가장 우수한 것은 우유와 유제품이고, 멸치 등의 뼈째 먹는 생선, 짙은 녹색채소, 두류, 곡류, 해조류 등이다. 그러나 식물성 식품류는 칼슘의 이용률을 방해하는 섬유질 · 수산 · 피트산 등이 있어서 체내 이용률이 낮다. 보통 동물성 식품의 칼슘 흡수율이 25%인 반면, 식물성 식품의 흡수율은 5% 이하로 보고 있다.

2) 나트륨

(1) 체내기능 작용

- 수분평형 조절: 세포 내 · 외의 삼투압으로 수분의 이동이 이루어지며 나트륨이온과 칼륨이온에 의해 조절된다.
- 산 · 알칼리의 평형 유지: 염소와 함께 체액의 산 · 알칼리 평형에 관여한다.
- 근육의 흥분성을 유지하며 신경자극의 전달에 관여한다.

(2) 함유식품과 섭취량

나트륨 권장량은 정해지지 않았으나 신체기능을 정상으로 유지하기 위해 건강한 성인은 하루 1.5g을 충분섭취량으로 설정하였고, 다른 영양소와 달리 상한 섭취량 대신 식이 관련 만성질환을 예방하기 위해 목표 섭취량을 하루 2,000mg(식염 5g/day)으로 정하였다. 미국인은 하루 5~15g 정도 소금을 섭취하고 있으나, 우리 국민은 장류 · 젓갈 · 김치 등을 주로 섭취하기 때문에 15~30g 이상 소금을 섭취하고 있다. 급원식품은 주로 동물성 식품에 다량 존재한다. 육류 · 생선 · 닭고기 · 유제품 · 치즈 · 햄 · 소시지 · 달걀 등에 많이 함유되어 있다.

3) 인

(1) 체내기능 작용

- 골격과 치아 형성 : 체내 인 함량의 85% 정도가 뼈와 치아의 석회화에 사용된다.
- 에너지 대사에 필수 : 나머지 15%의 인은 모든 세포에 골고루 분포되어 있다.
- 신체의 구성성분 : 인은 DNA, RNA 등 핵산의 구성분이며, 모든 세포의 세포벽과 지단백질 구성에 필요하다.
- 비타민과 효소의 활성화 : 인은 니아신 · 티아민 · 피리독신 등 여러 비타민의 활성화에 필요하다. 또한 인산화효소로 활성이 조절된다.
- 완충작용 : 혈액과 세포 내에서 인산으로 산과 염기의 평형을 조절하는 완충작용을 한다.

(2) 함유식품과 섭취량

우리나라 성인남녀의 하루 권장섭취량은 700mg인데, 섭취량은 약 600~1,500mg으로 칼슘과 인의 평균비율이 1 : 1.5에 해당한다. 급원식품은 거의 모든 식품에 풍부하게 들어 있다. 보통 단백질 함량이 많은 어육류, 난류, 우유와 유제품, 곡류에 많고, 가공식품과 탄산음료에 과량 함유되어 있어서 골격 약화가 우려되므로 현대인은 과잉 섭취에 주의해야 한다.

4) 칼륨

칼륨은 나트륨의 2배 정도 존재하며 체내에 약 210g 정도 함유되어 있다.

(1) 체내기능 작용

- 칼륨은 세포 내액의 중요한 양이온으로 체액의 정상적인 삼투압을 유지한다.
- 산 · 알칼리 평형유지에 영향을 미친다.
- 칼슘, 나트륨과 더불어 신경의 흥분성과 근육, 특히 심장근육의 수축과 이완작용에 관여한다.
- 탄수화물 대사와 단백질 합성에도 관여한다.

(2) 함유식품과 섭취량

칼륨은 여러 식품에 골고루 분포되어 있다. 특히, 콩류 · 곡류 · 오렌지 · 바나나 등의 과일과 녹색채소 · 감자 · 육류에 상당량 들어 있다. 우리나라 성인남녀의 하루 충분섭취량은 3.5g이며, 보통의 식사에 필요한 칼륨이 함유되어 있다.

5) 마그네슘

마그네슘은 엽록소의 구성성분으로 식물성 식품에 풍부하게 함유되어 있고, 성인 체내에 약 25~30g의 마그네슘이 존재한다.

(1) 체내기능 작용

- 심장과 신경기능에 중요하며 많은 효소반응을 돕는다.
- 60~70%는 칼슘, 인과 결합하여 골격과 치아 같은 경조직을 구성하며, 30~40%는 연조직(주로 근육과 간)과 혈액에 들어 있다.
- 마그네슘은 골격과 치아의 구성성분으로, 특히 치아 에나멜층에서 칼슘의 안정성을 증가시켜 충치를 예방한다.
- 신체 내에서 일어나는 중요한 효소반응에서 여러 효소의 보조인자나 활성제로

작용하며, ATP구조의 안정 및 에너지 대사에 관여하며, mRNA와 리보솜의 결합, DNA 합성과 분해과정 등 단백질 합성의 여러 단계에 관여한다.

- 마그네슘은 칼슘, 칼륨, 나트륨과 함께 신경자극 전달과 근육의 수축 및 이완작용을 조절하는 4가지 양이온 중 하나이다. 칼슘과 마그네슘은 서로 상반된 기능을 하여 마그네슘은 근육을 이완시키고 신경을 안정시키는 반면, 칼슘은 근육긴장 · 신경흥분작용이 있다.

(2) 함유식품과 섭취량

일반적으로 칼슘 섭취량은 우리나라의 식단으로도 충분하지만 19~29세의 하루 권장섭취량은 남자 340mg, 여자 280mg이다. 급원식품은 채소류 · 견과류 · 대두 · 곡류에 많다. 그러나 곡류와 시금치에 함유된 피틴산은 마그네슘의 흡수를 방해한다. 마그네슘은 엽록소의 구성성분이므로 식물성 식품에 풍부하다.

6) 황

인간에게는 중요한 무기질의 하나이며, 함황 아미노산인 메티오닌, 시스테인, 시스틴 및 타우린, 점액다당류의 콘드로이틴 황산, 비타민 B_1, 비오틴 및 코엔자임 A, 무의 메틸설파이드, 파의 아릴설파이드, 겨자의 시니그린 등은 모두 황을 함유하고 있다.

(1) 체내기능 작용

- 함유황 아미노산의 구성성분이다.
- 효소의 활성화에도 관여한다.
- 항독소작용이 있다.
- 세포단백질의 구성요소이다.

(2) 함유식품과 섭취량

육류, 어류, 우유, 달걀, 두류, 함유황 채소(무 · 양배추 · 브로콜리 · 파 · 양파 · 마늘 등) 등에 두루 함유되어 있다.

7) 염소

염소는 나트륨과 결합하여 염화나트륨의 형태로 존재하며 생체 내에서 이온 상태로 존재한다. 체내 무기질의 약 3%를 차지하며 세포 외액의 중요한 음이온이다.

(1) 체내기능 작용

- 나트륨과 함께 체액의 삼투압 유지와 수분 평형에 관여한다.
- 위점막에서 분비되는 위산의 성분이다.
- 펩시노겐을 펩신으로 전환시키는 소화에 필요하다.
- 면역반응과 신경자극 전달에 관여한다.

(2) 함유식품과 섭취량

우리나라 19~49세 성인남녀의 하루 충분섭취량은 2.3g이며, 나트륨의 섭취가 적절하면 염소는 충분히 공급된다. 소금의 60%가 염소이므로 소금 섭취량으로 알 수 있다. 급원식품은 소금의 형태로 존재하므로 나트륨이 풍부한 식품에 함께 함유되어 있다.

【2.2】 소량 무기질

1) 철분

인체 내 철분의 70%가 헤모글로빈, 5%는 근육의 미오글로빈, 20%는 간, 비장, 골수의 페리틴의 형태로 저장, 5%는 산화효소의 주요 구성성분으로 존재한다.

(1) 체내기능 작용

- 산소의 이동과 저장 : 철은 적혈구 헤모글로빈의 헴 성분이며, 헤모글로빈은 체내 세포 내 대사과정에 필수적인 산소를 공급해 준다. 미오글로빈도 헤모글로빈과 같이 근육에서 산소와 결합하다가 당질, 지질, 단백질이 산화할 때 에너지 발생

을 돕는다.

- 효소의 보조인자 : 미토콘드리아의 전자전달계에서 산화 · 환원과정에 작용하는 시토크롬 효소의 구성성분으로 에너지 대사에 필요하다.

(2) 함유식품과 섭취량

19~29세 성인의 권장섭취량은 남자 10mg, 여자 14mg이며, 임신부는 10mg을 추가적으로 섭취할 것을 권장한다. 한국인은 철분의 섭취량이 권장량에 미치지 못하므로 낮다. 철분 급원식품으로는 헴을 함유하고 있는 육류 · 어패류 · 가금류 등의 동물성 식품이며, 곡류나 그 가공품, 두류, 녹색 채소류도 중요한 철분섭취 식품이다. 그러나 우유와 유제품은 철분 함유량이 낮을 뿐 아니라 칼슘이 다량 들어 있어 철분의 흡수를 저해한다.

2) 구리

헤모글로빈 형성에 철분 외 구리가 필요하다. 여러 효소의 구성성분으로 존재하며, 기능과 대사 등이 철분과 유사하다.

(1) 체내기능 작용

- 철분의 흡수와 이용을 돕는다.
- 결합조직과 건강에 관여한다 : 결합조직 내의 콜라겐(collagen)과 엘라스틴의 상호 연결에 중요한 효소의 일부로 골격 형성과 심장순환계의 결합조직을 정상으로 유지한다.
- 여러 금속효소의 구성성분 : 시토크롬 산화효소의 일부로 ATP 형성 등

(2) 함유식품과 섭취량

우리나라 성인남녀의 하루 권장섭취량은 800μg으로 미국의 경우와 같다. 구리의 급원식품으로는 간 등의 내장고기, 해산물(굴 · 가재 · 패류 등), 견과류, 두류 등에 풍부하다.

3) 요오드

요오드는 천연에는 유리 상태로 존재하지 않으며, 주로 해조류와 해산동물 속에 존재한다. 갑상선 호르몬인 티록신의 구성성분으로 체내 함유량의 70~80%는 갑상선에 존재한다.

(1) 체내기능 작용

- 티록신은 아미노산인 티로신을 원료로 하여 만들어지며 요오드는 활성형 호르몬이 되도록 하는 데 필수적이다.
- 체내 대사율을 조절하고 성장발달을 촉진하는 데 관여한다.
- 갑상선 호르몬은 산소의 이용을 증가시켜서 에너지 생산, 즉 기초대사를 조절하는 일을 하며 단백질 합성을 도와 성장기 아동의 발달에 관여한다.

(2) 함유식품과 섭취량

우리나라 성인 남녀의 하루 권장섭취량은 150μg, 청소년은 130μg, 임신 및 수유기에는 각각 90μg, 180μg씩 더 섭취할 것을 권장하고 있다. 요오드 급원식품으로는 김, 미역, 다시마 등의 해조류와 해산물이다.

4) 아연

근육, 심장, 폐, 뇌 속에 함유되어 있는 아연은 식이 섭취와 무관하지만, 뼈, 고환, 머리카락, 혈액 내 함량은 식품 섭취량에 따라 달라진다. 아연은 체내에 1.5~2.5g 정도 소량 존재하지만 거의 모든 조직에 필요하며 효소의 구성분, 핵산 합성, 면역작용 등 대사기능 면에서 중요한 무기질이다.

(1) 체내기능 작용

- 생체 내 여러 금속효소의 구성요소: 여러 효소의 구조적 성분이며 아연을 함유하는 효소에는 단백질 분해효소, 이산화탄소 운반효소, 탄수화물 대사효소, 세포

의 산화적 손상방지효소 등이다.

- 생체막 구조와 기능에 관여: 세포막에 결합된 형태로 세포막의 기능과 안정성 유지에 중요한 기능을 한다.
- DNA와 RNA 같은 핵산 합성에 관여하여 단백질 대사와 합성을 조절하며, 상처의 회복, 성장을 도우며, 면역기능을 증진시킨다.
- 인슐린 호르몬의 구성성분으로 탄수화물 대사에 관여한다.

(2) 함유식품과 섭취량

우리나라 성인남녀의 하루 권장섭취량은 남자 9~10mg, 여자 7~8mg이고, 임신부와 수유부는 각각 2.5mg, 5mg을 더 섭취할 것을 권장한다. 아연은 특히 성장기 어린이의 성장발달에 매우 중요하므로 영아는 2.8mg, 11세 미만 아동은 3~8mg을 권장한다. 아연의 급원식품으로는 육류, 패류(굴 · 게 · 새우 등), 간, 가금류 등으로 체내 이용성이 높다. 식물성 식품은 두류 · 전곡류 · 견과류 등이나 함유량이 적다. 그러나 피트산이 있으므로 아연의 이용률은 낮다.

5) 셀레늄

대표적 항산화 무기질로서 비타민 E와 함께 지질의 과산화를 방지하고 세포막을 보호한다. 셀레늄은 간기능 유지에 필수적이지만 5ppm 이상이면 독성을 나타낸다. 또 셀레늄이 결핍되면 심장병이나 암 발생률이 증가한다고 알려져 있고, 어떤 화합물의 독성이나 발암작용을 증강하거나 감소시킨다. 셀레늄은 신장피질 · 췌장 · 뇌하수체 · 간에 존재하며 과잉의 셀레늄은 셀레늄 화합물을 만들어서 배설된다.

(1) 체내기능 작용

- 노화를 방지한다: 항산화효소인 글루타티온 페록시다아제의 구성요소로 산화적 손상을 방지하고, 지질의 과산화로 생긴 유리기로부터 세포와 세포막을 보호한다.
- 비타민 E와 셀레늄은 서로 절약작용을 한다.
- 유리기가 DNA를 변형시켜 발생하는 암을 예방하고 방사선 방어작용도 한다고

알려져 있다.

- 단백질 합성, 특히 면역 글로불린의 합성을 촉진하며 ATP에서의 고에너지 인산 결합의 효과적인 형성에 의한 최적의 에너지 흐름에 필요하다.

(2) 함유식품과 섭취량

우리나라 성인의 하루 권장섭취량은 55μg이다. 셀레늄의 급원식품은 육류의 내장, 알류, 패류, 곡류, 우유 및 유제품 등에 많이 함유되어 있다.

6) 망간

망간은 간 · 췌장 · 신장 등의 장기에 많고, 다른 미량 무기질처럼 금속효소의 구성 원소로서 대사반응의 촉매로 작용한다. 섭취 망간의 3~5%만 흡수하고, 나머지는 배설된다. 체내에 약 20mg 정도 함유되어 있다.

(1) 체내기능 작용

- 가수분해효소 및 인산화효소 등을 활성화하여 탄수화물, 단백질, 지질 대사에 관여한다.
- 간, 췌장의 기능을 조절한다.

(2) 함유식품과 섭취량

우리나라 성인 남녀의 충분섭취량은 남자 4.0mg, 여자 3.5mg이다. 일반적인 식사에서 하루 3~9mg 정도 제공되므로 충분하다. 망간의 급원식품으로는 식물성 식품인 곡류 · 두류 · 종자류 · 엽채류 · 차 · 커피 등에 풍부하다.

7) 불소

불소의 95% 정도가 뼈, 치아에 함유되어 있으며, 충치 예방과 치료 면에서는 식품 중의 불소보다는 음료수에 첨가하는 것이 더 효과적이다. 따라서 불화나트륨, 불화제1주석 용액을 치아 표면에 바르면 약 1ppm으로 치아의 에나멜질을 형성하며 치아에서 생기는 불화칼슘은 구강 내의 젖산균을 살균한다.

(1) 체내기능 작용

- 충치 발생을 억제한다.
- 세균에 의해 형성된 산이 치아를 부식하지 못하게 한다.
- 폐경기 이후의 여성에 있어 골다공증 빈도를 감소시킨다.

(2) 함유식품과 섭취량

우리나라는 불소의 권장섭취량이 정해져 있지 않으나 성인의 경우 10mg을 상한 섭취량으로 정하고 있다. 불소 급원식품으로는 해조류 · 해산물 · 자연수 · 차 등에 함유되며, 치약에도 포함되어 있다.

8) 기타의 금속원소

- 카드뮴 : 체조직 내에서 칼슘과 인의 대사 불균형을 초래하여 골다공증을 일으키고, 신장에서는 신장기능 장해를 일으켜 칼슘과 인의 손실로 골연화증도 유발한다.
- 알루미늄 : 신경계에 많이 존재하며 알츠하이머형 치매증 환자에서는 알루미늄의 뇌 내 농도가 높으나 그 원인은 확실하지 않다.
- 비소 : 아연 또는 아르기닌의 대사에 관여하고 있다.
- 주석 : 바나듐과 마찬가지로 지질 대사에 관여한다.
- 코발트 : 비타민 B_{12}의 구성성분이고 여러 효소 등의 보조인자로 작용한다. 체내에 약 1mg 존재하고, 권장량은 알려져 있지 않고, 자연계에 널리 분포한다.
- 크롬 : 포도당 내성의 정상화에 관여하며 인슐린의 작용을 증강한다.
- 니켈 : 특수한 효소나 단백질의 구성성분으로 되거나 장에서의 철 흡수를 촉진하고 간장의 막구조를 유지한다. 니켈은 우레아제의 보조인자이며 니켈이 부족하면 적혈구 감소, 생장저해 등이 나타난다.
- 몰리브덴 : 크산틴옥시다아제 산환원효소, 질소분해효소 등에 필수 성분이며 체

내에 다량으로 존재하면 구리의 배설이 증가하여 구리 결핍증이 발생하고, 결핍되면 통풍이 발생한다. 성인의 경우 하루 상한 섭취량은 600μg이다.

- 바나듐 : Na+, K+, ATPase나 나트륨 펌프의 조절인자로 작용한다.
- 리튬 : 세포 내 · 외에 분포하고 있으며 동맥경화성 심질환 예방작용이 있다.
- 규소 : 콜라겐에 의한 결합조직이나 골기질의 형성과 뼈의 석회화 초기에 중요한 역할을 하고 있다. 또 규소는 피부 등의 탄력성을 유지하며 몰리브덴과 밀접한 상호관계를 가진다. 대부분 폐 · 피부 · 뼈 · 뇌 · 털 등에 존재한다.

Practice 연습문제

01 다량무기질의 종류에 대해 알아봅시다.

02 나트륨의 체내 기능 작용에 대해 알아봅시다.

03 인의 함유식품과 섭취량에 대해 알아봅시다.

04 마그네슘의 체내 기능 작용에 대해 알아봅시다.

05 소량무기질의 종류에 대해 간단히 알아봅시다.

Understanding of

FOOD SCIENCE

PART 3

식품의 특수성분

Understanding of Food Science
새로운 식품학의 이해

색

01. 식품의 색소란

식품의 색소는 식품 고유의 특징을 타나내고 식품으로서의 가치를 판단하는 기준이 되며, 식품의 신선도와 수용도에 영향을 미쳐 식품의 기호적 인자와 식욕을 결정한다. 천연식품의 색은 밝고 선명한 데 비해 변질된 식품은 어둡고 탁한데, 변색은 가공식품이나 오래된 저장식품의 색소가 파괴되었거나 식품 내 각 성분의 상호작용에 의해 새로운 색소들이 형성되었음을 의미한다. 변색은 식품의 변질을 나타내는 표식이 되고, 이것은 우리가 직접 판정할 수 없는 식품의 품질을 판정하는 간접적인 기준이 된다.

이처럼 중요한 식품 속의 색소는 수송, 저장, 가공과정에서 산소, 광선, 열, 효소, 미생물 등의 영향으로 쉽게 변색되므로 이에 관한 성질을 이해하는 것이 중요하다.

식품의 특성을 좌우하는 색소에는 식물성 식품에 존재하는 클로로필, 카로티노이드, 플라보노이드계 색소가 있고, 동물성 식품에는 동물의 혈액인 헤모글로빈과 근육의 색소인 미오글로빈이 있다. 또 조리나 가공 중에 효소의 작용으로 또는 효소와 관계없이 변색되기도 하는데, 이 장에서는 자연에 존재하는 색과 조리, 가공과정 중에 생성되는 색의 변화를 다룬다.

1) 발색이론

색소는 파장이 긴 적색부에서 등황색, 황색, 녹색, 청색, 남색을 거쳐 파장이 짧은 자색부까지의 각 파장을 반사하는 물질을 총칭하는 것이다.

색 물질은 태양의 가시광선 중에서 일부분은 흡수하고 나머지 부분은 반사하거나 통과시키는데, 이것이 우리들의 눈에 색으로 나타나는 것이다. 따라서 그들의 특징적인 화학구조에 의해 색깔이 나타난다.

유색 물질의 발색이론에 의하면, 색소 분자는 발색의 기본이 되는 일정한 원자단을 반드시 하나 이상을 가져야 하는데 C = 0, -N = N-, -C = C-, -C = S 등의 원자단을 발색단이라 하고, 발색단을 갖는 분자를 색소원이라 한다. 색소원은 1개의 발색단으로 색을 나타내는 것이 있으나, 대개는 자외부의 광선을 흡수할 뿐 선명한 색을 나타내지

못한다. 몇 개 또는 몇 가지 발색단이 서로 어울리거나 또는 이들 무색의 색소원에 수산기, 아미노기 등의 원자단이 결합하면 비로소 발색하는 경우가 많고, 본래 색이 있었던 것은 더욱 선명해진다.

02. 식품 색소의 분류

식품에 존재하는 색소들은 원래 식품 속에 존재하는 자연 색소들과 착색을 목적으로 첨가된 착색제가 있다. 천연색소는 그 출처에 따라 식물성 색과 동물성 색으로 크게 나누고, 식물성 색소는 다시 지용성 색소와 수용성 색소로 나뉜다,

【2.1】 식물성 색소

식물성 식품의 색소는 물에 녹지 않는, 즉 유색체에 존재하는 색소들과 수용성인 액포에 녹아 있는 색소들로 분류한다. 불용성 색소는 클로로필류와 카로티노이드들이 있고, 수용성 색소들로는 플라보노이드계 색소가 있다. 수렴성의 탄닌은 보통 무색투명의 교질 상태로 존재하나 쉽게 산화되어 갈색, 또는 흑갈색의 불용성 물질로 변한다.

1) 클로로필

식물체의 초록색은 주로 클로로필류, 즉 엽록소에 의한다. 이것은 카로티노이드와 함께 단백질 또는 지단백질과 결합한 상태로 엽록체에 존재하고, 식물의 광합성에 중요한 역할을 하고 있다.

(1) 클로로필의 구조

클로로필에는 클로로필 a, b, c, d 등이 있다. 고등식물에서의 클로로필 a와 b의 존재 비는 2~3 : 1이다. 클로로필 a의 색깔은 429~660nm에서 최대 흡수파장을 나타

내는 청록색이며, 클로로필 b의 색깔은 453~642nm에 최대 흡수파장을 가진 황록색이다. c와 d는 해조류에 들어 있다.

클로로필은 4개의 피롤 핵이 메틸기에 의해 서로 결합한 포르피린 환의 중심에 마그네슘을 가지고 있으며, 피롤과 에스테르를 형성하고 있기 때문에 지용성이다. 클로로필의 포르피린 환과 결합하고 있는 마그네슘이 2개의 공유결합과 2개의 배위결합에 의해 결합되고 있다. 클로로필은 물에 녹지 않으나 아세톤, 에테르, 벤젠 등에는 잘 녹는다.

그림 9•1

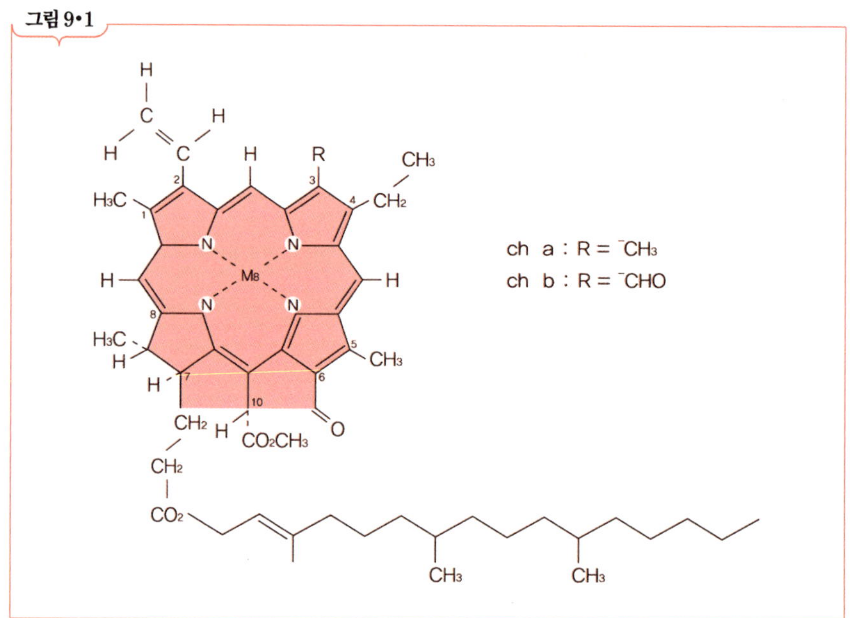

클로로필의 구조

(2) 산에 의한 변화

클로로필은 산과 반응하면 마그네슘이 수소와 치환되어 갈색의 페오피틴이 된다. 이 반응은 비가역적이며 급속도로 일어난다. 한편, 산의 작용이 지속될 때 클로로필의 포르피린에 존재하는 피틸 에스테르기나 메틸 에스테르기가 가수분해된다.

김치, 오이피클처럼 녹색채소가 갈색을 띠게 되는 것은 발효에 의해 생긴 초산이나 젖산이 클로로필에 작용한 것이며, 또 방치한 푸른 잎이 갈색화되는 것은 자가소화에 의해 식물의 유기산이 클로로필에 작용하여 페오피틴이 생성되기 때문이다. 이와 같은 변색을 억제하기 위해서는 휘발성 산을 신속히 증발시키고 클로로필과 산의 접촉시간을 짧게 하면 도움이 된다.

(3) 알칼리에 의한 변화

클로로필은 알칼리 용액에서 가열하면 피톨기가 떨어져 나가 수용성인 녹색의 클로로필라이드가 되고, 다시 메틸에스테르결합이 가수분해되어 수용성인 진한 녹색의 클로로필린이 된다. 알칼리의 농도가 클 때는 클로로필린이 형성되고, 이것은 염의 형태로 존재하여 물에 잘 녹으며 청록색을 띤다. 그러나 자연식품의 경우 알칼리성인 식품은 거의 없으므로 실제 식품에서 일어나는 것은 보기 어렵다.

녹색채소를 삶을 때 중탄산나트륨과 같은 알칼리를 가하면 녹색은 보존되지만 알칼리성에 불안정한 비타민 C를 비롯한 비타민들이 파괴되고 채소가 지나치게 물러지는 경우가 있다. 이를 방지하기 위해서는 탄산마그네슘과 초산칼슘의 혼합물을 소량 첨가하면 좋다. 조리에서는 일반적으로 소금을 첨가하여 녹색을 안정화시킨다.

(4) 클로로필라아제에 의한 변화

식물조직이 손상되면 클로로필은 조직 내의 클로로필라아제의 작용으로 피톨기가 떨어져 나가 선명한 녹색인 클로로필라이드를 형성하지만, 이것은 식물조직 내의 산 또는 자가산화로 생긴 산에 의해 마그네슘이 유리되면서 페오포바이드로 되어 녹색을 잃는다. 따라서 채소를 데치면 효소가 불활성화되어 색을 보존하는 데 도움이 된다.

(5) 가열에 의한 변화

채소를 물에서 끓이면 채소 조직의 부분적인 파괴로 액포 내의 휘발성 및 비휘발성 유기산들이 유리된다. 녹색채소를 천천히 오래 삶을 때 갈색으로 변하는 것은 식물조직 내에서 클로로필을 안정화하고 있던 단백질과의 결합이 끊어져 클로로필이 유리되어 조직 중의 유기산과 반응해서 페오피틴을 생성하기 때문이다. 통조림식품,

건조식품을 만들 때 과일이나 채소류를 데치면 채소의 색에 영향을 준다. 한편, 채소를 가열할 때 많은 양의 물을 사용하면 적은 양의 물을 사용하는 경우보다 유기산이 희석되는 효과가 있어 클로로필이 더 잘 유지된다.

(6) 금속과의 반응

클로로필은 구리나 철 등의 이온 또는 이들의 염과 함께 가열하면 클로로필의 마그네슘이온이 이들 금속이온과 치환되어 안정한 청록색의 구리-클로로필, 또는 선명한 갈색의 철-클로로필을 형성한다. 그러나 이들은 물에 녹지 않으므로 알칼리로 가수분해하여 구리-클로로필린 염, 철-클로로필린 염으로 하면 물에 잘 녹으며 색깔도 안정하여 식품 착색제로도 사용된다.

또, 녹색채소류가 그 조리액 중의 산에 의해 페오피틴으로 변하였더라도 구리의 염류를 첨가함으로써 구리=클로로필의 짙은 청록색을 갖게 할 수 있다. 예를 들면 완두 통조림을 제조할 때 가열살균과정에서의 변색을 억제하기 위해 소량의 황산구

그림 9•2

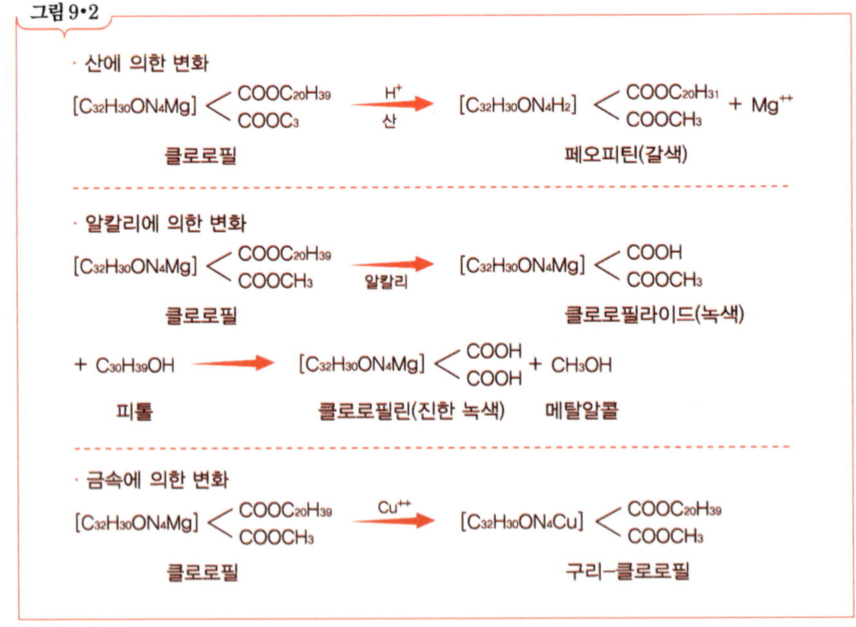

클로로필의 변화

리를 사용한다. 금속-클로로필은 물에 녹지 않으므로 진한 알칼리로 가수분해하여 나트륨염으로 하여 수용성인 식품 착색제로 쓰이는데, 주로 완두콩의 녹색을 유지하는 데 사용되고 있다.

2) 카로티노이드계 색소

카로티노이드계 색소는 동·식물성 식품 중에 널리 존재하는 황색·오렌지색·적색의 지용성 색소로서, 배당체나 에스테르 형태 또는 단백질과 결합한 형태로 존재한다. 식물이나 미생물은 카로티노이드계 색소를 합성할 수 있으나 동물성 식품 속의 카로티노이드 색소는 먹이에서 기인한 것이다. 카로티노이드의 색은 클로로필과 공존하는 경우에는 그 녹색에 가려 나타나지 않지만 클로로필이 일단 분해되면 나타난다.

(1) 분류

카로티노이드는 이오논핵과 여러 개의 이중결합을 가지고 있는데, 이것을 카로틴류와 잔토필류로 크게 나눈다. 카로틴류는 이소프렌의 축합체인 탄화수소이고, 잔토필류는 수산기, 카르보닐기 등을 갖는 카로틴의 산화유도체이다.

카로티노이드는 기본구조의 양 끝에 고리모양으로 되어 있는 경우와 사슬모양으로 되어 있는 경우가 있으며, 카로티노이드 양 끝의 구조에 따라 색 및 화학적 성질이 달라진다.

① 카로틴계

카로틴계 색소는 석유 에테르에는 녹으나 알코올에는 잘 녹지 않으며, α-카로틴, β-카로틴, γ-카로틴, 리코펜 등이 있다. 이 중에서 α-, β-, γ-카로틴은 체내에서 분해되어 비타민 A의 효과를 나타낸다.

- α-카로틴 : 이것은 보통 β-카로틴, γ-카로틴과 함께 존재한다. 고추와 당근에 들어 있으며 α-이오논환과 β-이오논환을 갖고 있다. α-카로틴 한 분자가 산화되면 β-이오논환을 갖고 있는 비타민 A를 한 분자 형성한다.

- β-카로틴 : 채소류에 널리 분포하며 구조적으로 보면 체내에서 두 분자의 비타민 A가 될 수 있는 프로비타민 A이다. 공기 중에 쉽게 산화되며, 산화 후 비타민의 효력도 상실한다.
- γ-카로틴 : 당근을 비롯한 채소류나 감귤류를 비롯한 과일에 분포되어 있다.
- 리코펜 : 토마토 빨간색의 주요 카로티노이드로 다른 카로틴류와 함께 오렌지 등의 과일이나 일부 채소에 분포되어 있다.

② 잔토필계

잔토필계 색소는 알코올에는 녹으나 석유 에테르에는 녹지 않으며, 카로틴계 색소의 산화유도체이다.

- 캡산틴 : 고추, 파프리카에 있으며, 구조적으로 비타민 A가 될 수 없다.
- 크립토잔틴 : 오렌지, 감, 딸기, 앵두, 노란 옥수수 등에 있으며 프로비타민 A이다.
- 루테인 : 밀, 고추, 일부 해조류의 녹색 잎에 함유되어 있다.

〈표 9-1〉 카로티노이드의 분류와 구조

카로틴류	구 조	특 징	식품의 예
(1) 카로틴류			
α-카로틴	7 11 15 12 8 / 8 12 15 11 / 1 5 3 / 5 3 1	1분자의 비타민 A로 전환 황색–주황색	당근, 차, 밤, 수박, 콩기름
β-카로틴		2분자의 비타민 A로 전환 주황색	당근, 고구마, 녹엽, 오렌지, 고추
γ-카로틴		1분자의 비타민 A로 전환 엷은 황색	당근, 살구, 야자유
리코펜		비타민 A 효과 없음 적색	수박, 감, 토마토, 살구

카로틴류	구 조	특 징	식품의 예
(2) 잔토필류			
캡산틴		비타민 A 효과 없음	고추, 파프리카
크립토잔틴		1분자의 비타민 A로 전환 주황색	옥수수, 오렌지, 감, 파프리카
루테인		비타민 A 효과 없음 황색	녹엽, 호박, 밀의 배종유
지아잔틴		비타민 A 효과 없음 주황색	옥수수, 토마토, 복숭아, 호박, 오렌지
아스타잔틴		비타민 A 효과 없음 주황색	새우, 가재, 연어
비올라잔틴		비타민 A 효과 없음 주황색	감, 파파야

(2) 성질

카로티노이드계 색은 물에는 녹지 않으나 기름에는 녹고, 열에 비교적 안정하며 약산과 약알칼리에는 파괴되지 않으므로 조리과정 중에 손실은 거의 없으나, 산화에는 매우 약하다. 따라서 공기 중의 산소나 산화효소, 햇빛 등에 의해 쉽게 산화되어 변색된다. 카로티노이드는 자동산화에 의해서도 산화된다. 카로티노이드 함유식품을 가열하면 카로티노이드는 변화하여 프로비타민 A로서의 효력이 없어진다. 자연계에 존재하는 카로티노이드는 대부분의 트랜스형으로 존재하나 가열, 산, 광선의 조사 등에 의해 이중결합의 일부가 시스형으로 이성화되는 경우가 있다.

카로티노이드계 색소의 변색 방지수단으로 효소의 불활성화, 산소의 차단, 건조 전에 고분자 물질로 피막화시키는 방법이 있으며, 햇빛에 의한 산화 촉진을 막기 위해 포장재료, 용기 등에도 주의해야 한다.

3) 플라보노이드계 색소

넓은 의미의 플라보노이드계 색소는 디페닐프로판을 기본골격으로 하는 페놀류를 말하며, 안토잔틴, 안토시아닌 그리고 저분자의 탄닌인 카테킨 및 루코안토시안 등이 있다. 이들은 모두 2개의 벤젠핵이 3개의 탄소로 연결된 탄소골격을 기본구조로 하는 것으로 식물의 황색 계통 색소를 이루고 있다. 식물계에 널리 존재하는 수용성 색소로서 액포 중에 유리 상태 또는 배당체로 존재한다.

(1) 안토잔틴

안토잔틴은 채소, 과일에 널리 분포되어 있는 담황색 내지 황색의 색소이다. 안토잔틴은 식물체에서 유리 상태인 아글리콘으로 존재하나 대부분은 당류와 결합된 배당체로 존재한다. 안토잔틴은 구조에 따라 플라본, 플라보놀, 플라바논, 이소플라본 등이 존재한다.

- 플라본 : 벤조피렌의 2위치에 페닐기를 가진 2-페닐벤조피렌
- 플라보놀 : 플라본의 3위치의 수소가 OH로 치환된 것
- 플라바논 : 2, 3의 이중결합이 포화 상태인 구조
- 이소플라본 : 벤조피렌의 3 위치에 페닐기를 가진 3-페닐벤조피렌

안토잔틴은 물에 잘 녹고, 산에는 안정하나 알칼리와 산화에는 불안정하다. 약산성에서는 무색이고, 경수로 가열하거나 알칼리성으로 하면 황색을 띠며, 산화하면 갈색이 된다. 밀가루에 중탄산나트륨을 첨가하여 빵이나 튀김옷을 만들면 황색이 되고, 양배추, 흰 양파, 흰 감자, 고구마, 콩 등을 경수로 끓일 때 황색이 짙어지는 것은 안토잔틴 화합물에 기인하는 것이다. 일반적으로 안토잔틴을 함유한 식품은 가열하면 가수분해되어 노란 색깔이 더 짙어진다. 안토잔틴은 주석과 결합하여 복합체를 형성하나 뚜렷한 색깔의 변화는 없다. 철과 결합하면 처음에는 녹색으로 착색되나 곧 갈색으로 변한다. 대표적인 안토잔틴류인 헤스페리딘은 감귤류의 과즙에 많이 존재하며 분해되면 아글리콘인 헤스페리틴과 루티노오스가 생성된다. 또한 헤스페리딘, 루

틴, 퀘르세틴은 정상적인 모세혈관의 투과성을 유지하는 데 필요한 물질로 비타민 P로 불린다.

〈표 9-2〉 안토잔틴의 종류와 구조

분 류		배당체명		아글리콘(aglycone)	당잔기	존 재
플라바논 (flavanone)	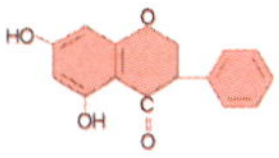	헤스페라딘 (hesperidin)	헤스페레틴 (hesperetin)	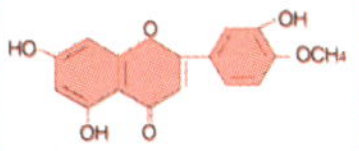	7-β-루티노사이드 (7-β-rutinoside)	온주말감 그래이프 푸르트
		나린진 (naringin)	나린제닌 (naringenin)	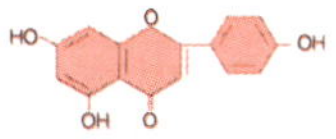	7-β-네오헤스페리도사이드 (7-β-neohesperidoside)	여름밀감 밀감류
		네오헤스페리딘 (neohesperidin)	헤스페레틴 (hesperetin)		7-β-네오헤스페리도사이드 (7-β-neohesperidoside)	여름밀감
플라본 (flavone)	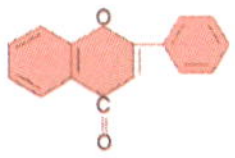	아핀 (apin)	아피제닌 (apigenin)	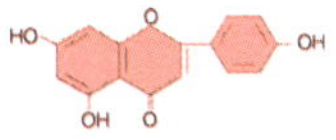	7-β-아피오실글루코사이드 (7-β-apiosylglucoside)	파슬리 셀러리
플라보놀 (flavonol)	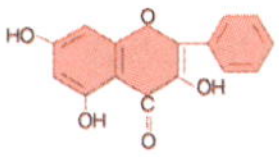	루틴 (rutin)	헤르세틴 (hercetin)	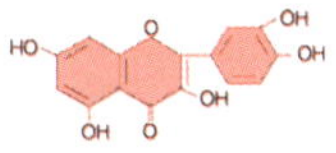	3-β-루티노사이드 (3-β-rutinoside)	양파 메밀 차
		퀘르시트린 (quercitrin)	궤르세틴 (quercetin)		3-β-람노사이드 (3-β-rhamnoside)	차
		이소퀘르시트린 (isoquercitrin)	퀘르세틴 (quecretin)	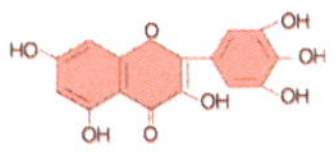	3-β-글로코사이드 (3-β-glucoside)	옥수수 차
		미리시트린 (myricitrin)	미리세틴 (myricetin)		3-β-람노사이드 (3-β-rhamnoside)	양매 (Myrica)
		아스트라가틴 (astragatin)	캠페롤 (kæmpherol)	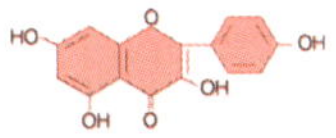	3-글로코사이드 (3-glucoside)	딸기 고사리
이소플라본 (isoflavone)	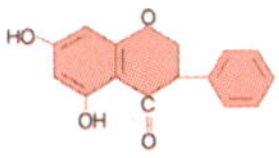	다이진 (daidzin)	다이제인 (daidzein)	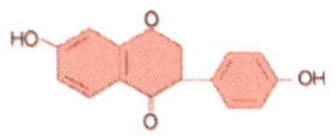	7-글로코사이드 (7-glucoside)	콩

(2) 안토시아닌

안토시아닌은 과일이나 채소 등에 존재하는 선명한 적색, 자색 또는 청색의 색깔을 가진 수용성 색소로서 넓은 의미로 플라보노이드 색소에 속한다.

안토시아닌계 색소도 대부분이 당과 결합한 배당체로 존재하는데, 그 배당부분을 안토시아니딘이라 하며, 안토시아닌과 안토시아니딘을 일반적으로 안토시안이라 부른다. 안토시아니딘은 플라빌리움 화합물로서 분자 중에 1번 위치의 산소가 3가지로 되어 있다. 즉, 산소가 갖는 2개의 비공유전자 쌍의 하나에서 전자 하나가 C_2와 공유결합을 하므로 (+)전하를 가진 옥소니움 화합물을 이루고 있다.

그림 9•3

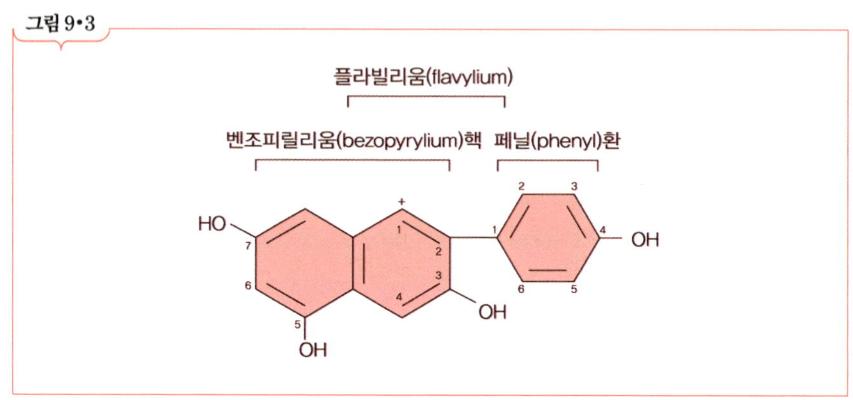

안토시아니딘의 기본구조

안토시아니딘을 벤젠환의 치환기의 수에 따라 크게 3가지로 나누며, 이들은 다시 일부 수산기가 메틸화된 메톡실기에 따라 여러 가지 안토시아닌이 된다.

- 펠라고니딘계 : 안토시아니딘의 기본구조에서 2의 위치에 있는 페닐기에 OH기가 1개 있는 구조
- 시아니딘계 : 안토시아니딘의 기본구조에서 2의 위치에 있는 페닐기에 OH기가 2개 있는 구조
- 델피니딘계 : 안토시아니딘의 기본구조에서 2의 위치에 있는 페닐기에 OH기가 3개 있는 구조

여기서 펠라고니딘은 적색을, 시아니딘계는 붉은색을 띤 청색을, 델피니딘계는 청색을 띤다.

〈표 9-3〉 안토시아닌의 구조와 종류

안토시아니딘(anthocyanidin)	안토시아닌(anthocyanin)	존재 식품
펠라고니딘(pelagonidin, 적색)	칼리스테핀(calistepnin)	딸기
시아니딘(cyanidin, 적청색)	크리산테민(chrysanthemin) 시아닌(cyanin) 케라시아닌(keracyanin) 이데인(idein) 메코시아닌(mecocyanin)	검정콩, 팥, 체리, 복숭아 적색순무 체리 사과 신맛 체리
페오니딘(peonidin)	페오닌(peonin)	포도
델피니딘(delpinidin, 청색)	델핀(delphin) 나수닌(nasunin)	포도 가지
페투니딘(petunidin)	페투닌(petunin)	포도
말버딘(malvidin)	말빈(malvin) 예닌(enin)	포도 포도

안토시아닌 색소에 영향을 미치는 요인들

- pH : 안토시아닌은 산성에서는 양이온, 알칼리성에서는 음이온으로 존재하는 양성 물질이며 pH에 따라 변화가 커 산성에서는 적색이 되고, 중성에서는 자색이 되며, 알칼리성에서는 청색이 된다.
- 금속 : 안토시아닌 색소는 철과 반응하면 고운 청색이 되는데, 가지를 염장할 때 그 속에 쇳조각을 넣어두면 가지가 고운 청색을 띤다.

- 산소 : 산소가 없는 상태에서는 안토시아닌이나 안토시아니딘의 안정성은 증가하나 산화되면 갈변한다. 따라서 과즙 또는 과일, 오래된 포도주가 산화되면 갈변된다. 또 가지절임의 갈변은 과피의 자색 색소인 나수닌이 폴리페놀옥시다아제에 의해 산화되어 생성된 O-퀴논이 서로 중합하여 갈색 색소를 만들기 때문이다.
- 효소 : 안토시나아제는 안토시아닌을 분해하여 케톤형의 카비놀을 만들게 되므로, 안토시아닌의 함량을 감소시켜 퇴색하게 한다.

4) 탄닌

탄닌이란 여러 가지 특징을 공통적으로 가지는 한 그룹의 물질로 카테킨류, 루코안토시안류, 클로로젠산 등이 있으며 기본구조는 플라보노이드와 같다. 탄닌은 수렴성이 있고 떫은맛을 가진 비교적 고분자 성분을 말하지만, 보통 떫은맛이 없는 저분자의 것도 포함하여 무색의 폴리페놀 성분을 총칭한다.

탄닌은 원래 무색이나 공기, 금속이온 또는 산화효소 작용으로 짙은 갈색, 흑색 또는 홍색으로 변화되는 불안정한 물질로서 식품의 색깔에 중요한 역할을 한다.

(1) 카테킨류

카테킨류에는 카테킨과 갈로카테킨이 있으나 과일, 채소에는 카테킨이 대부분이고 갈로카테킨은 적다. 찻잎에는 카테킨갈레이트와 갈로카테킨 갈레이트가 존재하며, 특히 에피갈로 케테킨갈레이트의 함량이 높다. 카테킨이나 갈로카테킨 모두 떫은맛은 없고 쓴맛을 띠나 이들의 갈레이트는 떫은맛이 있다.

카테킨류는 무색이지만 폴리페놀옥시다아제에 의해 쉽게 산화하여 갈변한다. 홍차는 발효과정에서 카테킨과 갈로카테킨이 폴리페놀옥시다아제의 작용으로 결합하여 테아플라빈 색소가 생성된 것이다.

(2) 루코안토시안류

플라반-3, 4-디올의 구조를 가지는 루코안토시아니딘을 함유하는 과일의 통조림 등에서 적변현상이 나타나는데, 이것은 루코시아니딘을 낮은 pH에서 장시간 가열하면

시아니딘이 생성되기 때문이다.

(3) 클로로젠산 및 폴리페놀류

식물체에 존재하는 폴리페놀류는 저분자의 카페익산, 파라-쿠마릭산, 갈릭산, 엘라직산 등이 있다. 이들은 유리형만이 아니라 에스테르형으로도 존재한다. 이 가운데 클로로젠산과 네오클로로젠산은 커피콩, 감자, 사과, 포도 등 채소, 과일에 존재하여 효소적 갈변의 기질이 된다. 퀴닉산 외에 쉬키믹산과 에스테르를 구성하는 것, 또는 페놀카보닉산의 글루코시드도 존재한다.

그림 9•4

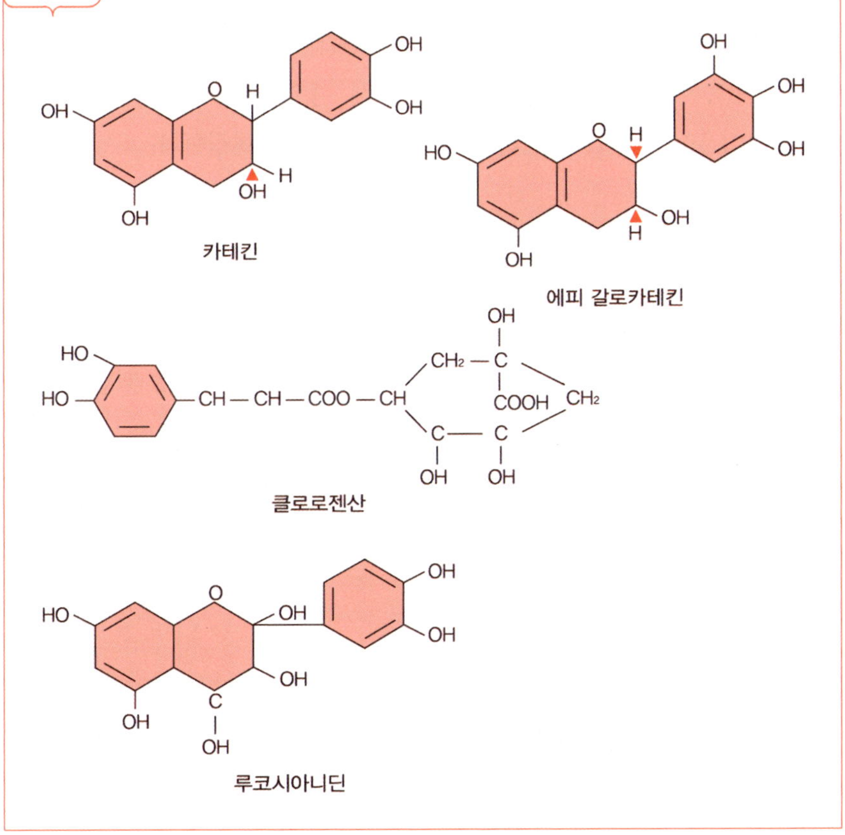

카테킨

에피 갈로카테킨

클로로젠산

루코시아니딘

식품 속의 대표적인 탄닌류

(4) 탄닌의 성질

- 산화 : 탄닌은 수렴작용이 있어 떫은맛을 주고 쓴맛도 있어 공기 중에 쉽게 산화, 중합되어 흑갈색의 중합체를 형성하는데, 탄닌은 과일이 익으면 산화되어 안토시아닌 또는 안토잔틴으로 전환, 중합되어 불용성 물질로 변해서 떫은맛과 수렴성이 소실된다.
- 단백질과 반응 : 탄닌은 단백질과 결합하면 침전된다. 예를 들면, 맥주의 원료인 호프나 보리 속의 루코안토시아닌이 보리의 글로불린 단백질과 결합하여 금속이온을 흡착, 불용성의 침전을 만들어 맥주 혼탁의 원인이 된다. 이와 같은 현상은 과즙이나 과실주에서도 일어난다.
- 금속과 반응 : 탄닌은 금속과 복합염을 형성하여 회색, 갈색, 적색, 청록색을 나타낸다. 예를 들면, 떫은 감을 철제 칼로 깎으면 암갈색으로 변하는데, 이것은 탄닌이 철과 반응하기 때문이다. 또 차를 끓일 때, 경수를 쓰면 경수 중의 칼슘이온과 마그네슘이온이 탄닌과 결합하여 적갈색의 침전을 형성한다.

【2.2】 동물성 색소

동물성 식품의 색소에는 동물 혈액에 존재하는 헤모글로빈과 근육조직에 존재하는 미오글로빈이 있다. 난황이나 우유에는 카로티노이드 색소들이 존재한다. 난황의 색소는 닭이 먹는 사료의 색에 의해 영향을 받는다고 알려져 있으나 난각의 색은 사료와는 상관없는 것으로 알려져 있다.

1) 미오글로빈

(1) 미오글로빈의 구조

미오글로빈은 피롤 유도체로서 포피린과 철의 착염으로 되어 있는 적색 색소체인 헴(페로프로토포르피린)과 단백질인 글로빈이 결합한 복합단백질이다. 글로빈은 분자량이 16,000~17,000 정도이다. 미오글로빈과 헤모글로빈의 헴 부분은 그 중심부에 있는 철이온이 글로빈 분자 중의 히스티딘 잔기의 이미다졸 고리의 질소원자와 직접 결합되어 있으며, 이 철이온은 공기 중의 산소와 결합할 수 있다. 미오글로빈은 글로빈 폴리펩티드사슬 1개와 헴 1분자가 결합한 것이고, 헤모글로빈은 글로빈 사슬 4개와 헴 4분자가 결합한 것이다. 헴 색소의 철이 2가일 때는 헤모크롬이라 하고, 3가일 때는 헤미크롬이라고 한다. 미오글로빈은 근육조직에 필요한 산소를 저장하는 작용을 한다.

그림 9•5

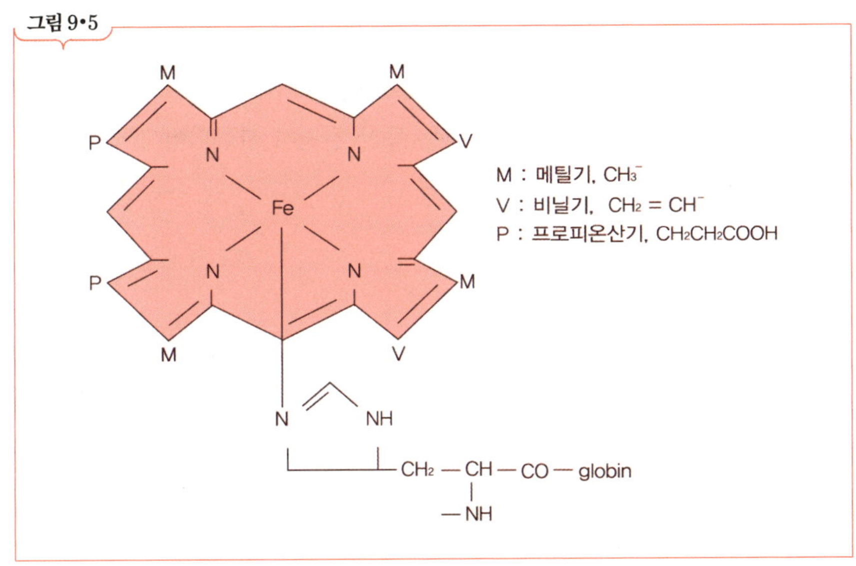

미오글로빈의 구조

(2) 미오글로빈과 육색

육류의 붉은색은 육조직의 색소단백질인 미오글로빈과 혈액의 색소단백질인 헤모글로빈에 의한 것이나, 그 대부분을 차지하는 것은 미오글로빈이다. 식육으로 쓰이는 육류나 육류가공품은 방혈된 상태이므로 전체 색소 함량의 90% 이상이 미오글로빈으로 되어 있다. 그러나 방혈하더라도 고기 중의 모세혈관에 혈액이 남아 있기 때문에 헤모글로빈도 육색에 관여한다. 비교적 색이 옅은 송아지고기나 돼지고기의 미오글로빈 함량은 0.1~0.3%이며, 짙은 붉은색의 소고기나 말고기에는 미오글로빈이 0.5~1.0% 정도 함유되어 있다.

육류나 육류 가공품의 색깔은 미오글로빈 자체의 색깔이므로 미오글로빈의 성질과 여러 가지 요인이 색에 영향을 미친다. 한편, 미오글로빈과 헤모글로빈은 화학적 성질이 유사하여 이들이 관여하는 반응, 예를 들면 변색, 발색, 자동산화, 아질산염과의 반응, 변성 등의 반응기구는 비슷하다.

(3) 미오글로빈의 산화

신선한 생육은 2가의 철이온을 가진 환원형 미오글로빈 색을 띠나 고기의 표면이 공기와 접촉하면 산소가 결합하여 선명한 적색의 옥시미오글로빈으로 된다. 이 반응은 미오글로빈의 철이온이 그대로 있기 때문에 산소화라고 한다. 옥시미오글로빈은 비교적 안정된 색소이지만 육류를 저장하는 동안 천천히 산화되어 갈색을 가진 메트미오글로빈이 된다.

(4) 가열에 의한 변화

메트미오글로빈의 생성은 자동산화만이 아니라 가열에 의해서도 생긴다. 즉, 육류를 가열하면 미오글로빈은 옥시미오글로빈을 거쳐 메트미오글로빈으로 된다. 가열이 계속됨에 따라 이 메트미오글로빈의 단백질 부분인 글로빈은 변성을 일으켜 분리되며, 한편 갈색 내지는 회색의 헴 부분이 유리된다. 이 헴은 헤마틴으로 알려져 있으며,

그림 9•6

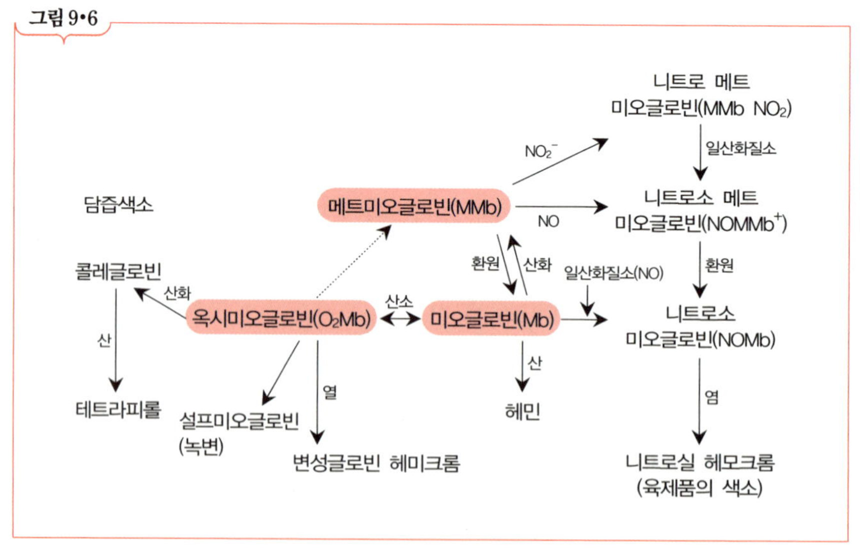

미오글로빈의 가열 시 변화과정

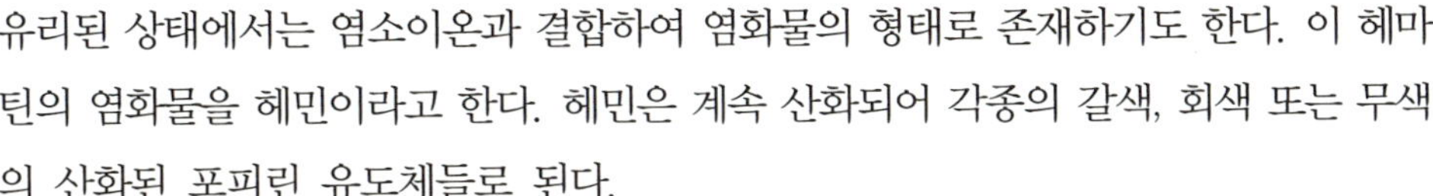

유리된 상태에서는 염소이온과 결합하여 염화물의 형태로 존재하기도 한다. 이 헤마틴의 염화물을 헤민이라고 한다. 헤민은 계속 산화되어 각종의 갈색, 회색 또는 무색의 산화된 포피린 유도체들로 된다.

이와 같이 생육이 가열에 의해 갈색의 가열육으로 변한 상태를 변성 글로빈헤미크롬 또는 메트 미오크로모겐이라고 부른다.

(5) 육제품의 발색

햄이나 소시지 등은 살균을 위해 열탕처리를 하는데, 이 때 제품의 색이 갈색이 되지 않도록 육색을 보존하기 위해서 발색제가 사용된다.

육제품의 발색제로는 질산염과 아질산염을 같이 사용하나 발색에 직접 관계하는 것은 아질산염이다. 즉, 질산염은 육류에 존재하는 미생물의 환원작용에 의해 아질산염으로 환원된 뒤 발색에 관여하게 된다.

육색품의 발색기작

수육을 질산칼륨이나 아질산칼륨 용액에 담그면 저장 중 질산칼륨이 세균의 작용을 받아 아질산염으로 환원되고, 고기의 해당 작용의 결과 생성된 젖산이 아질산칼륨과 반응하여 아질산을 형성한다. 아질산에서 생성된 일산화질소는 환원형 미오글로빈과 결합하여 선명한 적색의 니트로소미오글로빈을 형성한다. 이것이 소위 염절임 육색이다.

그러나 일부의 미오글로빈은 메트미오글로빈으로 되는데, 이것을 방지하기 위해 아스코르브산을 첨가하면 산화된 메트미오글로빈이 다시 미오글로빈으로 환원되어 일산화질소와 결합, 니트로소미오글로빈이 된다. 니트로소미오글로빈은 가열되면 변성글로빈 니트로실 헤모크롬으로 되지만 역시 선명한 적색을 보존한다. 이와 같이 니트로소미오크로모겐을 생성시키는 조작을 육색의 고정이라 부른다. 이것이 햄이나 소시지 등의 적색 색소이다.

(6) 육제품의 녹변

육류나 육류 가공품은 저장 중에 가끔 녹색으로 변화되는 경우가 있는데, 그 원인에 대해서는 아직 확실하지 않으나, 햄의 포피린 핵이 산화되어 생기는 녹색색소는 콜레글로빈으로 알려져 있다. 그리고 육류를 저장하는 동안 세균의 작용에 의해 생성되는 설프미오글로빈도 녹변의 색소이다.

2) 카로티노이드

동물성 식품 속에도 카로티노이드에 속하는 색들이 존재한다.

(1) 난황, 우유의 카로티노이드

달걀의 노른자에는 루테인, 지아잔틴, 크립토잔틴 등이 3~89ppm 정도 들어 있다. 우유지방에는 카로틴류가 0.5~6ppm 정도, 잔코필이 0.1~0.7ppm 정도 들어 있다.

(2) 갑각류의 카로티노이드

칸사잔틴은 송어, 새우 등에 분포하는데, 이것은 구조적으로 비타민 A가 될 수 없다. 아스타잔틴은 원래 빨간색을 갖고 있으나 새우, 게에서는 단백질과 결합하여 복

그림 9•7

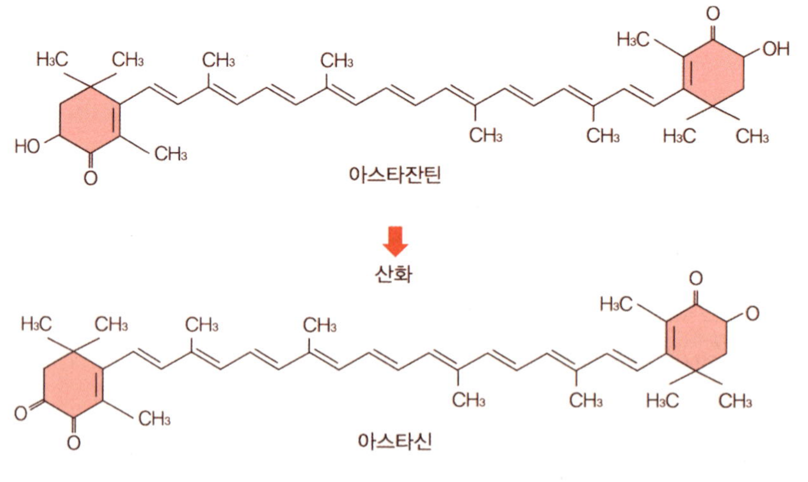

새우, 게의 가열 시 색변화

합체의 형태로 존재하여 청색, 남색을 나타낸다. 그러나 새우, 게를 가열하면 아스타잔틴과 결합해 있던 단백질이 변성하여 아스타잔틴이 유리된다. 이 아스타잔틴은 공기 중에 가열하면 산화되어 선홍색의 아스타신으로 변한다. 이것이 삶은 새우와 게에서 볼 수 있는 색이다.

03. 식품의 갈변

【3.1】 갈변반응의 분류

식품에서 자연적으로 일어나는 것이 아니라 조리나 가공의 과정 중에 식품의 성분들 사이, 효소 또는 공기 중의 산소 등이 관여하는 복합적인 과정을 거쳐 식품이 갈색으로 변하는 과정이 진행되는데 이것을 갈변반응이라고 한다. 식품에서 일어나는 갈변반응은 효소가 관여하는 효소적 갈변반응과 효소가 관여하지 않는 비효소적 갈변반응으로 대별할 수 있다.

【3.2】 효소적 반응

효소에 의한 갈변반응은 폴리페놀산화효소가 식품 속의 기질을 공기 중의 산소를 이용해 산화시켜 최종적으로 갈색의 물질을 만드는 반응이다. 이 효소는 카테콜, 또는 카테콜 유도체들이 공기 중의 산소에 의해 퀴논, 또는 퀴논 유도체로 산화되는 반응을 촉진하여 준다. 이와 같이 형성된 퀴논, 또는 퀴논 유도체들은 활성이 매우 크며 계속 산화, 중합 또는 축합되어서 멜라닌 색소들, 또는 이와 유사한 갈색 내지는 흑색의 색소들을 형성한다.

1) 효소와 기질

폴리페놀의 산화에 관여하는 효소는 폴리페놀산화효소, 폴리페놀라아제, 다이페놀옥시다아제로 불리며 구리를 가지고 있다. 식물에 존재하는 PPO는 출처에 따라 특성이 조금씩 달라 사과의 PPO는 pH 5.8~6.8에서 최대의 활성을 나타내며 크렌베리의 PPO는 6.5에서 최대의 활성을 보인다. PPO에 의한 반응은 두 단계로 진행되는데, 기질이 -OH를 하나 가지고 있으면 먼저 오르소 위치에 수산화부터 하여 -OH기를 첨가하고 다음으로 각 OH기를 산화시켜 케톤기로 만드는 반응이 진행된다. 이후 반응이 계속되어 멜라닌 색소를 만든다.

페놀라아제에 의한 갈변은 감자, 사과, 배, 고구마, 당근, 포도, 바나나, 우엉 등과 같은 채소나 과일에서 흔하게 일어난다. 효소에 의한 갈변은 과일과 채소의 품질을 떨어뜨리는 주요인이지만, 우롱차와 홍차를 제조할 때는 의도적으로 이 반응을 일으킨다. 즉, 녹색의 찻잎을 시들게 하여 흠집을 낸 후 둥글게 말아 발효시키면 페놀라아제의 작용으로 차의 카테킨이 산화되어 홍차 특유의 오렌지색을 띠는 테아플라빈이 형성된다. 홍차를 끓이면 어두운 주황색을 띠는 것은 테아플라빈이 다시 테아루비겐으로 산화되었기 때문이다.

티로시나아제는 넓은 의미로 PPO에 속하나 기질이 아미노산인 티로신에만 작용한

그림 9•8

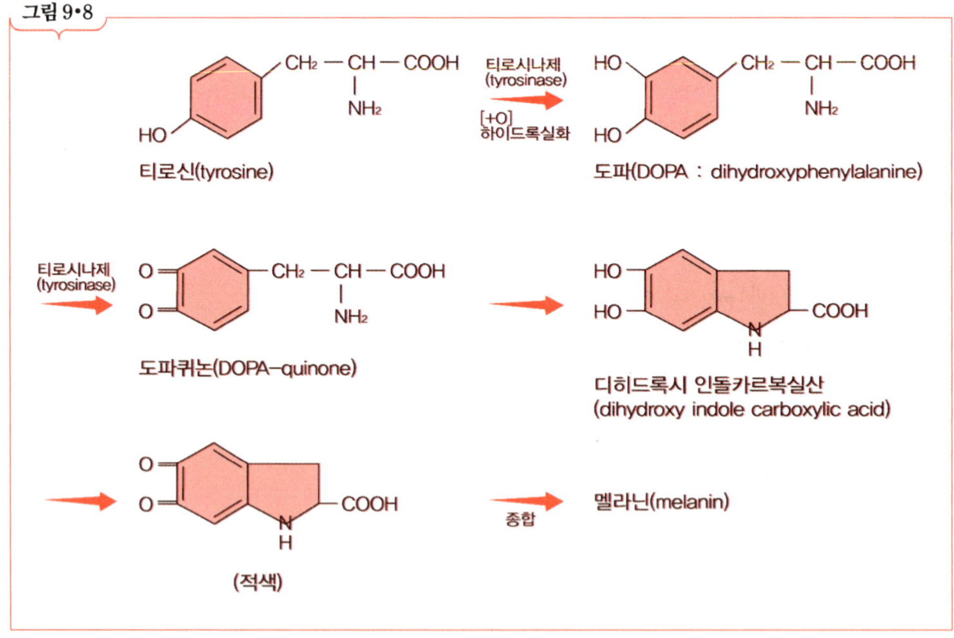

PPO에 의한 갈변반응

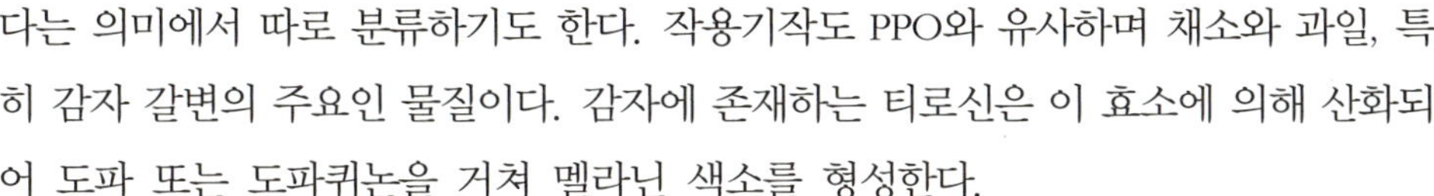

다는 의미에서 따로 분류하기도 한다. 작용기작도 PPO와 유사하며 채소와 과일, 특히 감자 갈변의 주요인 물질이다. 감자에 존재하는 티로신은 이 효소에 의해 산화되어 도파 또는 도파퀴논을 거쳐 멜라닌 색소를 형성한다.

2) 갈변반응의 억제법

갈변반응은 식품의 품질을 떨어뜨리므로 갈변의 억제를 위해 가능한 여러 가지 방법을 응용하지만 아직 방법상의 한계와 인체 유해성의 논란 문제로 완벽한 해결책을 찾지 못하고 있다. 우리가 이론적으로 접근할 수 있는 방법은 다음과 같다. 효소에 의한 갈변반응의 요인은 효소, 산소, 기질이므로 일들 중 한 가지를 조절함으로써 갈변을 제어한다.

【3.3】 비효소적 반응

갈변반응에서 효소가 관여하지 않는 갈변반응으로 마이얄반응, 아스코르브산 산화반응, 캐러멜화반응이 있다.

1) 마이얄반응

(1) 반응기작

유리된 알데히드기나 케톤기를 가진 환원당 또는 가수분해되어 환원당을 만들 수 있는 당류는 아미노산류, 펩타이드류, 단백질류와 같은 아미노기를 가진 질소 화합물들과 함께 있을 때는 쉽게 상호 반응하여 갈색물질을 형성한다. 이런 환원당과 아미노 화합물에 의한 반응을 마이얄반응이라고 한다. 이 반응은 거의 자연발생적으로 일어나며, 어느 식품이나 당류와 함께 아미노산들을 포함하고 있으므로 식품가공이나 저장에서 가장 많이 볼 수 있는 갈변화반응이다. 이 반응은 식품의 색뿐 아니라 맛, 냄새에도 영향을 주고, 당류와 아미노산이 반응에 참여함으로써 필수아미노산의 파괴 등 영양가의 감소를 가져오기도 한다. 반응은 초기단계 - 중간단계 - 최종단계로 나뉜다.

① 초기단계

당류와 아미노 화합물의 축합반응과 아마도리 전위반응이 진행되며 색깔의 변화는 없다.

② 중간단계

아마도리 전위생성물의 분해, 당의 산화, 각종 환상물질의 형성, 산화된 당류의 분해가 일어나며 3-데옥시오존과 3, 4-디데옥시오존, 리덕톤류, 히드록시메틸 푸푸랄이 생성된다. 그리고 당 분해생성물로 글리코알데히드, 다이아세틸, 글리옥살, 아세트알데히드 등이 형성되어 갈변에 관여한다.

③ 최종단계

중간단계에서 형성된 리덕톤, 푸푸랄, 푸란, 피롤 등의 유도체들, 각종 분열생성물의 상호반응들, 즉 알돌형 축합반응, 중합반응들이 일어나는 데 대표적인 반응으로

그림 9•9

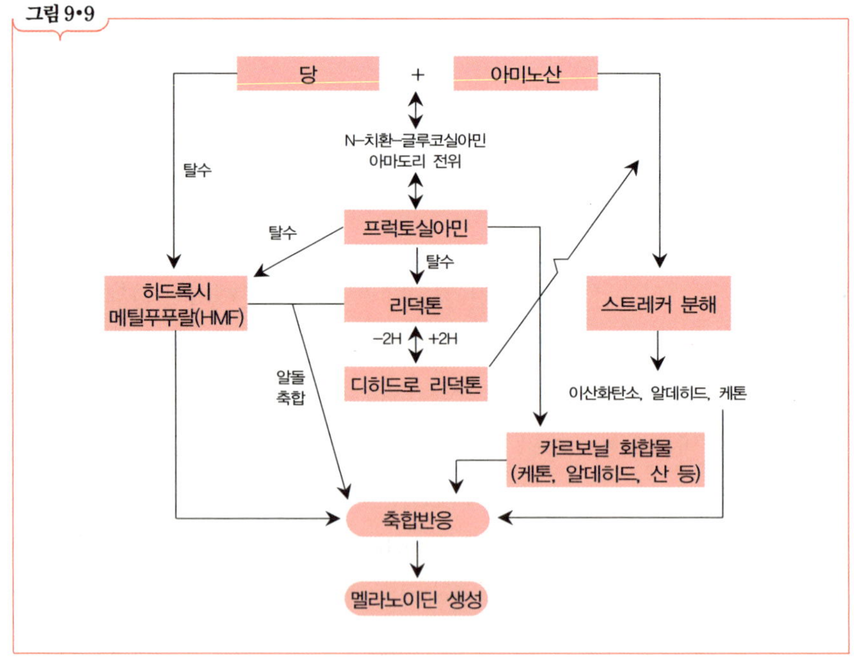

마이얄반응

스트레커반응과 멜라노이딘 색소의 형성이다. 스트레커반응으로 여러 가지 알데히드가 생성되는데, 식품을 가열하였을 때 나타나는 향기와 간장의 향기의 생성은 주로 이 반응에 의해 나타난다. 또한 최종단계에서 알돌형 축합반응이 나타나는데, 이들은 계속 반응하여 분자량이 큰 물질을 만든다. 결국 질소를 가진 중합체인 갈색의 형광성 물질인 멜라노이딘 색소가 형성된다.

반응에 영향을 주는 요인

- 온도 : 마이얄반응의 속도에 가장 큰 영향을 주는 요인으로 이 반응에서 온도계수는 Q10은 3~5가 된다.
- pH : 일반적으로 마이얄반응은 pH 6.5~8.5 〉 ph 3~5 〉 ph 1~2로 반응속도가 다른 것으로 알려져 있다. 알칼리에서는 pH가 이보다 더 반응속도가 커지나 실제 식품에서는 알칼리로 가는 경우는 드물다.
- 당의 종류 : 일반적으로 설탕보다는 육탄당류, 오탄당류와 같은 환원당의 경우 갈변속도가 크며, 육탄당과 오탄당의 경우 오탄당의 갈변속도가 더 크다고 알려져 있다.

2) 아스코르브산 산화반응

식품 중의 아스코르브산은 비가역적으로 산화되어 항산화제로서의 기능을 상실하고 갈색화반응을 수반한다. 이 반응은 식품의 조직에 든 아스코르브산 산화효소에 의해 촉진되나 가공식품에서는 비효소적으로 일어난다. 아스코르브산은 산화되어 디하이드로 아스코르브산이 되고 이것은 비가역적으로 산화되어 푸푸랄이 생성되는데, 이것은 반응성이 매우 커 계속 산화, 중합되어 갈색의 색소를 형성한다.

3) 캐러멜화반응

캐러멜화반응은 주로 당류의 가수분해물들 또는 가열 산화물들에 의한 갈색화반응이다. 이 반응은 고온에서 당류 또는 당류의 수용액을 가열할 때 일어나는 반응이

며 각종 분해산물들은 식품의 향기나 맛에 기여한다. 간장과 된장의 색깔은 마이얄 반응에 의한 것으로 믿어지나 캐러멜화에 의한 착색도 기여한다.

캐러멜화반응의 중간 생성물로는 여러 가지 산화물과 히드록시 메틸 푸푸랄 및 유도체가 형성되는데, 이것은 더욱 산화되어 리덕톤, 퓨란, 락톤 등의 물질이 생성되며 이들은 더욱 산화되어 저분자량의 휘발성 카보닐 화합물과 중합체인 휴민이라는 흑색 또는 흑갈색의 물질이 형성된다.

Practice 연습문제

01 클로로필 구조에 대해 알아봅시다.

02 클로로필의 산, 알칼리, 금속에 의한 구조적 변화에 대해 알아봅시다.

03 카로틴류의 특징과 식품의 예에 대해 알아봅시다.

04 안토잔틴의 종류에 대해 알아봅시다.

05 안토시아닌 색소에 영향을 미치는 요인들에 대해 알아봅시다.

06 식품 속의 대표적인 탄닌류 구조에 대해 알아봅시다.

07 육제품의 발색기작에 대해 알아봅시다.

08 마이얄 반응에 대해 알아봅시다.

09 아스코르브산 산화 반응에 대해 알아봅시다.

10 캐러멜화 반응에 대해 알아봅시다.

냄새

01. 식품의 냄새란

식품의 냄새는 식품에 미량 함유된 휘발성 성분에 기인되며, 영양 성분이 아니고 식품의 기호와 품질을 결정해 주는 중요한 성분이다. 냄새는 보통 청량감을 주는 향과 불쾌감을 주는 취로 나뉘는데, 모든 식품은 제각기 특유한 냄새를 가지며 맛과 조직감과의 조화에 의해 그 식품에 고유의 풍미를 주고 있다.

한편 우리가 느낄 수 있는 냄새의 종류만도 10만 가지 이상이나 되고, 각각의 냄새들은 많은 성분들로 복합적으로 이루어져 있으며, 그 함량이 매우 적고 변화되기 쉬운 휘발성이기 때문에 정확하게 냄새를 규명하기 어렵다. 그러나 최근에는 GC, HPLC, MS 등의 기술의 발달로 식품 냄새에 대한 연구가 많이 이루어졌다.

02. 냄새의 종류

냄새들은 식품을 구성하는 중요한 요소로 외형적인 품질과 기호적인 가치를 결정하는 데 기여한다.

헤닝(Henning)은 이를 6원향으로 분류하였는데, 이는 다음과 같다.

- 향신료향 (예) 마늘, 생강 등
- 꽃향 (예) 장미, 매화 등
- 과일향 (예) 사과, 배 등
- 수지향 (예) 송정유, 테르펜(terpene)유 등
- 썩은 냄새 (예) 썩은 고기 냄새 등
- 탄 냄새 (예) 커피, 캐러멜 등

03. 냄새의 분류

1) 감각적 분류

냄새의 종류는 대단히 많고 말로써 적합하게 표현하기도 곤란하다. '고소하다', '비리다' 등의 냄새를 묘사하는 말도 있으나 대부분은 된장냄새 · 마늘냄새 · 장미향기 등과 같이 냄새를 발행하는 물질로써 냄새의 종류를 표시한다. 이와 같이 냄새는 매우 복잡하여 4가지 기본 맛으로 분류하는 맛이나 3원색으로 분류하는 색과 같이 정확한 분류방법이 아직 확립되어 있지 않다.

2) 화학적 분류

일반적으로 냄새는 원자단의 종류, 원자단에 붙은 탄화수소 부위의 모양, 분자의 입체적 모양, 분자량 등의 분자 전체의 구조와 관계가 있다.

(1) 탄화수소류

향기는 특징이 없고 약하지만, 테르펜계 탄화수소는 정유류에 들어 있는 여러 가지 향기의 주성분이다. 테르펜류는 이소프렌의 중합체이다. 향기와 관계가 있는 것은 주로 이소프렌 2분자로 이루어진 모노테르펜과 이소프렌 3분자로 이루어진 세스퀴테르펜이다. 일반적으로 테르펜류는 향기를 갖는 동시에 약간의 자극적인 맛이 있으므로 식품 중에서는 매운맛 성분으로도 작용한다. 미나리의 미르센, 레몬의 리모넨, β-시트랄, 캄펜, 쑥의 튜존, 홉의 후물렌, 박하의 멘톨이 대표적이다.

(2) 알코올류

주류의 알코올 성분은 에틸알코올이며, 계피의 유게놀, 양파의 프로파놀, 찻잎이나 채소 푸른잎의 헥세놀 등이 있다.

탄소수 5개 이하의 알코올은 채소 · 과일 · 청주 등의 향기 성분으로 중요하고 불포화결합을 가지는 알코올은 어린잎의 풋내 성분이며, 방향족 알코올은 꽃향기의 성분이다. 대개 이중결합이 있으면 향기가 강하나 3중결합이 있으면 향기가 나빠진다.

(3) 카르보닐 화합물

주로 유기 화합물을 말하며 옥소 화합물, 케토 화합물이라고도 한다. 알데히드와 케톤에 공통적인 반응으로서는 하이드록실아민·치환하이드라진과의 반응에 의한 옥심·하이드라존의 생성, 시안화수소나 이황산수소나트륨의 첨가반응 등이 있다. 또 옥심·치환 하이드라진 등의 시약은 알데히드나 케톤과 반응하여 고체의 유도체를 만들기 때문에 이것들의 확인이나 검출에 사용되며, 카보닐시약이라고 한다.

(4) 알데히드류

알코올류에 비해 불쾌한 냄새가 많으며, 역기가 1/10～1/100로 감도가 높다. 감귤류와 아몬드·바닐라의 향 등의 성분이다. 미량으로 방향을 내는 성분이 많으며, 식품의 가열향기 중 각종 알데히드와 방향족 알데히드는 강한 향기를 가진다. 알데히드기 -CHO를 가진 화합물의 총칭이며, 공기 중의 산소에 의해 산화되고, 산화되어 카복실산으로 되기 쉽고, 페링요액·은거울반응 등으로 검출한다.

(5) 케톤

케톤기를 2개 갖는 디아세틸이나 아세토인 등은 버터나 발효된 유제품의 향기 성분이다. 카보닐기에 탄소사슬이 결합된 화합물인 RCOR를 총칭하여 케톤이라고 한다. 2차 알코올을 산화시켜 얻을 수 있으며, 탄소사슬이 적은 것은 물에 잘 녹는다. 탄소가 3개인 아세톤은 여러 가지 유기 화합물을 잘 녹이는 성질이 있어 용매로 쓰인다.

또한 케톤의 카보닐 산소는 물분자와 강한 수소결합을 할 수 있기 때문에 분자량이 적은 것은 물에 매우 잘 녹는다. 그러나 분자량이 커짐에 따라 무극성인 탄소사슬의 영향이 커져 물에 대한 용해도는 작아진다.

(6) 지방산

초산 같은 저분자는 자극성의 산취를 내고, 저급 지방산인 프로피온산, 부티르산,

카프로산 등은 우유 · 버터 · 치즈의 주요 냄새 성분이며, 분자량이 커지면 비휘발성이 되어 향기가 적어진다.

보통 생체 내에서는 글리세롤이나 고급 알코올과 결합하여 에스터를 만들고 있으며, 유리된 지방산으로서 존재하는 양은 극히 적다. 글리세롤과 결합하여 만든 에스터를 지방이라 하며, 하나의 글리세롤에 2개의 지방산이 결합한다. 고급 알코올과 결합하여 만든 에스터는 왁스라고 한다.

(7) 산류

쇄상구조의 저분자 휘발성 산 중에서 C_2의 초산은 자극적인 산냄새를 가진다. 저급 지방산인 프로피온산 · 부티르산 · 카프로산 등은 우유 · 버터 · 치즈 등의 냄새 주체를 이룬다. 특히 부티르산은 김치산패의 불쾌취이기도 하다. 탄소수의 증가에 따라 땀냄새에서 양고기냄새와 같은 지방냄새를 나타낸다.

(8) 에스테르류

에스테르류는 카복실산과 알코올의 결합으로 생성되기 때문에 그 종류가 대단히 많으며, 과일향기의 주성분을 이룬다.

(9) 정유류

정유류는 꽃 · 잎 등 식물체를 수증기 증류할 때 얻어지는 방향 성분으로 일반적으로 향기와 매운맛을 가진다.

이소프렌의 중합체인 테르펜류 및 그 유도체를 주성분으로 하는 화합물이고, 이것은 식물체를 수증기 증류할 때 얻어지는 방향성의 유상물질로 정유라고 한다. 이들은 향기를 갖는 동시에 약간의 자극적인 맛을 갖고 있어 매운맛 성분을 포함한다.

(10) 유황 화합물

주로 채소류와 향신료의 매운맛 성분인 휘발성 황화합물은 다량 존재 시 악취를 내나 미량으로 존재 시에는 음식물의 향기를 크게 상승시킨다. 실제로 밥에 미량 존재하는 황화수소는 구수한 냄새의 원인이 된다. 암모니아와 아민류의 질소 화합물은 담수어의 비린내나 동물성 식품의 부패 냄새에 관여한다. 휘발성인 것은 악취를 풍기지만, 극히 미량으로 존재하는 것은 식품의 향기를 강하게 해주는 것이 많다.

- 황화수소 : 가장 저분자이고 휘발성인 황화수소는 유독하고 자극성의 악취를 내지만, 농도가 극히 낮을 때에는 식품의 향기를 좋게 한다. 예를 들면, 미량의 황화수소는 축육이나 삶은 달걀 등에서 느낄 수 있으나 극미량의 황화수소는 더운 밥의 구수한 냄새를 이루는 한 요인이 된다.
- 티오 알코올 : 티오 알코올기 역시 악취가 있지만 미량으로서 식품의 향기를 산뜻하게 하여 주는 역할을 한다. 메틸 메르캅탄과 같은 유리형은 무 같은 채소의 자극성의 냄새를 내며, 메틸 메르캅토 프로필 알코올, 메틸 메르캅토 에틸 프로피오네이트 등의 결합형은 단백질 발효식품, 즉 된장 · 간장 · 치즈 등의 특유한 냄새의 원인이 된다.
- 알킬 설피드 : 메틸 프로필 디설피드, 알릴 프로필 디설피드 등의 알킬 설피드는 양파에서와 같이 온화한 매운 향기와 약한 매운맛을 가지고 있다. 또한 디메틸 설피드는 황화물 특유의 강한 냄새를 가지고 있으나 극히 미량으로 희석하였을 때는 김의 향기가 된다.
- 알킬 이소티오시아네이트 : 겨자과 식물에 들어 있는 알킬 이소티오시아네이트, 파라-옥시 벤질이소티오시아네이트 등의 알킬 이소티오시아네이트는 강한 매운맛과 매운 향기를 가지고 있다.

(11) 질소 화합물

일반적으로 어류 · 육류 등의 동물성 식품에 많다.

- 암모니아 : 고약한 냄새가 나고 약염기성을 띠는 질소와 수소의 화합물이다. 암모니아는 질소원자를 포함하는 화합물이고, 식물체에 대한 질소 공급원으로 매우 유용하게 쓰이고 있는 물질이다. 식물체는 토양과 공기 중으로부터 재료들을 흡수하고, 흡수한 재료들을 이용해 필요한 유기물을 합성하는데, 단백질을 합성

하는 데 질소가 꼭 필요하다. 식물은 보통 토양으로부터 질소를 흡수하는데, 토양이 척박해지면서 질소가 부족한 경우가 많았다. 그래서 공업적으로 질소를 수소와 반응시켜 암모니아로 만들고 이를 이용해 비료를 만들 수 있었다.

- 아민 : 암모니아의 수소원자를 탄화수소기로 치환한 형태의 화합물이고, 탄화수소기가 모두 알킬기인 경우에는 지방족 아민이라 하며, 탄화수소기 중 1개 이상이 알킬기인 경우를 방향족 아민이라 하며, 그 대표적인 것에는 아닐린이 있다. 치환한 탄화수소기의 수에 따라서 1차 아민, 2차 아민, 3차 아민으로 분류된다. 메틸아민 등 저급 지방족 아민은 동 · 식물체가 썩을 때 생긴다. 저급 지방족 아민은 암모니아와 비슷한 냄새가 나며 물에 녹으나, 고급인 것일수록 냄새가 약해진다. 방향족 아민은 물에 잘 녹지 않는 액체 또는 고체이며, 특유한 냄새가 난다. 지방족 아민은 암모니아 비슷한 약한 염기성을 보이며, 방향족 아민은 더 약한 염기성을 보인다. 또 이 염기성 때문에 산과 반응하여 염을 만드는데, 이들 염을 암모늄염이라고 한다.

【3.1】 식물성 식품의 냄새

1) 과실의 향기 성분

과실의 향기는 그 과실의 특성이나 선도를 알아내는 데 매우 중요하다. 과실의 향기 성분에 대해서는 비교적 많이 연구되어 있으며, 테르펜류와 지방산의 에스터류가 주체로 알려져 있다.

(1) 포도의 향기 성분

웨보(Webb, 1962)는 두 품종의 포도의 휘발성 성분을 각종 알코올, 알데히드, 지방산 및 그 에스터 등을 동정하였다. 특히 콩코드 품종의 포도에는 모스카토 품종의 포도에 함유되어 있지 않은 아세톤 · 메틸안트라닐네이트 등의 중요 향기 성분으로써 함유되어 있다. 따라서 포도라는 그 품종이 다르면 일부 향기 성분의 종류나 함량이 다소 다른 것으로 생각된다.

(2) 사과의 향기 성분

사과의 향기 성분으로서는 대략 40여 종 이상의 화합물이 실제로 동정되어 있다. 사과는 알코올류, 알데히드류, 그리고 탄소수 7개 이상의 알코올류와 아세틱산, 프로피오닉산, 뷰트릭산들과의 에스터류가 중요 향기 성분으로 생각된다.

(3) 감귤류의 향기 성분

감귤류는 오렌지 · 레몬 · 자몽 등 종류가 많다. 감귤류의 향기 성분은 주로 과피에 함유되어 있으며, 일반적으로 에틸아세테이트, 에틸부티레이트, 카프릴산 에틸 등의 에스터류와 테르페노이드 화합물이 중요 향기 성분으로써 분리 동정되어 있다.

(4) 바나나의 향기 성분

바나나의 향기 성분에 대해서는 많은 연구가 되어 있으며, 이소아밀아세테이트, 이소아밀 뷰티레이트 등의 에스터류가 주체인 것으로 알려져 있다. 훈틴(Hultin, 1961)은 가스 크로마토그래피에 의해 미숙바나나 · 반성숙바나나 · 완숙바나나 · 과숙바나나의 휘발성 성분을 분석하여 향기 성분 숙성과정에서의 변화를 조사하였다.

(5) 복숭아의 향기 성분

복숭아의 향기 성분은 사과 등의 예에서와 같이 주로 탄소수가 적은 각종 에스터류 · 알코올류 · 유기산 · 알데히드 · 케톤 등으로 구성되어 있다. 주로 렉톤류가 복숭아 특유의 향기 성분에 기여하는 것으로 알려져 있다.

2) 채소의 향기 성분

채소의 향기 성분도 과실의 경우와 마찬가지로 휘발성의 에스터류 · 알데히드류 · 케톤류 · 산류 · 테르페노이드 화합물 등이나, 그 이외에 채소에 함유되어 있는 휘발성 유황 화합물 또는 유황 화합물들의 분해생성물들이 채소 특유의 향기 성분에 기여하는 것으로 생각되고 있다.

(1) 양배추의 향기 성분

양배추 · 배추 · 무 등의 채소들은 신선한 생야채 상태에서는 냄새가 비교적 약하나 끓이거나 기타의 가열조리를 실시할 때에는 특징 있는 강한 냄새를 갖게 된다. 신선한 양배추의 특유한 향기 성분을 이루고 있는 것은 휘발성 유황 화합물들이며, 이들 중 대표적인 것은 이소시아네이트류이다. 양배추를 가열조리 하였을 때 냄새가 더 강해지는 것은 이상과 같이 양배추 중에 함유되어 있는 유황 화합물들이 분해되어 형성된 황화수소나 기타 휘발성 유황 화합물에 기인하는 것으로 알려졌다.

(2) 셀러리의 향기 성분

셀러리는 특유한 향기를 가진 미나리과에 속하는 채소로서 각종 알데히드류 · 알코올류 · 에스터류 · 산류를 함유하고 있다.

(3) 토마토의 향기 성분

신선한 토마토나 그 즙 속의 주요 향기 성분으로서는 휘발성 유기산과 메틸알코올로 이루어져 있다.

(4) 양파의 향기 성분

양파의 특유한 휘발성 향기 성분의 주성분을 이루는 것은 휘발성 유황 화합물들이며, 이들은 그 전구물질인 알리인이 효소 알리이나아제에 의해 분해되어 형성되는 것으로 알려졌다.

한편 양파의 매운 성분인 최루성의 성분에 대해서는 아직 확실하지는 않으나 그 주요 성분은 양파를 자르거나 마쇄할 때 유리 펩타이드류의 하나이다.

【3.2】 동물성 식품의 냄새

1) 우유 및 유제품의 향기 성분

우유와 유제품의 냄새 성분은 주로 아세톤 · 아세트알데히드 · 낙산 · 메틸설파이드 등에 의한 것이다. 가열 살균된 우유·연유 등의 유제품에 특유한 향기 성분으로써 델타-락톤류가 검출되고 있다.

(1) 우유의 향기 성분

신선한 우유를 장시간 방치하거나 또는 균질유를 만들기 위해서 강하게 교반하거나 살균처리를 할 때 우유 속의 지방질 성분의 산화에 의해 신선한 우유에는 존재하지 않았던 휘발성 카보닐 화합물이 형성되며, 그 함량이 신선한 우유에 비해 급증한다. 신선한 우유는 유당을 함유하고 있어 약간의 감미를 띠며, 저급 지방산과 같은 저분자량 화합물과 휘발성 화합물 등에 의해 독특한 향을 갖는다.

우유에서 상한 냄새는 주로 리파제에 의해 유지방이 가분해되었기 때문이다. 또한 우유를 햇빛에 노출시키면 우유 속의 리보플라빈이 메티오닌 분해를 촉진하여 탄 냄새 또는 양배추 같은 좋지 않은 냄새가 난다.

(2) 유제품의 향기 성분

신선한 버터의 향기 성분으로써 휘발성 지방산과 디아세틸·알데히드·케톤류가 검출되고 있으며, 이 중에서 스트렙토카커스 속의 세균의 작용에 의해 생성되는 디아세틸은 버터의 바람직한 특징적인 향기의 주성분으로 중요하다. 치즈의 향기 성분은 주로 발효에 의하여 형성되는 것으로 매우 복잡하며, 사용하는 미생물의 종류와 숙성 기간에 따라 그 향기 성분은 아주 다양하다.

2) 육류의 냄새 성분

육류에 함유된 냄새 물질은 대사 또는 생합성으로부터, 가공방법에 따라, 주위환경 물질을 흡수하므로 또는 섭취된 사료로부터 영향을 받는다. 육류 냄새의 주된 물질은 황아미노산으로부터 분해된 헤테로환상 물질로 알려졌으며, 특히 티아졸 및 티아졸린이 강한 육류 냄새를 나타낸다. 소·돼지·양의 살코기는 각 육류의 아미노산과 당의 구성물질이 비슷하기 때문에 가열할 때 생성되는 기본적인 냄새는 서로 비슷하다. 그러나 가열할 때 동물에 따라 특유한 냄새가 다르게 나는 것은 육류에 함유된

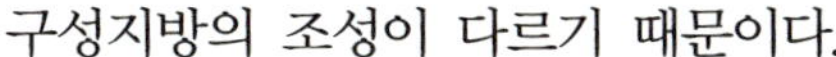

구성지방의 조성이 다르기 때문이다.

신선한 육류에서 주로 아세트알데히드가 냄새 성분의 주체를 이룬다. 신선도가 떨어지는 육류는 불쾌한 냄새가 나는데, 이것은 자기소화와 세균에 의한 오염 진행으로 인한 것이다. 육류 중의 단백질, 아미노산, 기타 질소 화합물들이 미생물의 작용에 의하여 휘발성 아민류, 황화수소 등이 생성되기 때문이다.

가열조리한 육류는 특유한 향기를 가지는데, 주로 아미노산 및 다른 질소 화합물들이 당과 함께 반응하는 마이얄 갈색화반응의 결과로 형성된 휘발성 카아보닐 화합물과 푸란, 푸라논, 피라진과 같은 환상 화합물이 형성된다.

3) 어류의 냄새 성분

어류는 종류에 따라 독특한 냄새가 난다. 이것은 어류 자체에 존재하는 프로피온산 · 부티르산 · 이소발레르산 등의 유기산과 어류에 함유된 지질 성분의 산화에 의해 형성된 알데히드 · 케톤 등의 화합물 등에 의한다.

생선비린내를 전혀 갖고 있지 않는 트리메틸아민 옥사이드는 일련의 복잡한 효소작용에 의해 가장 중요한 생선비린내 성분으로 알려진 트리메틸아민과 다이메틸아민을 형성하고, 이들의 비린내 성분이 신선한 어류를 저장할 경우 저장기간이 길어질수록 그 함량이 증가한다.

04. 식품의 발효 및 부패의 냄새 성분

【4.1】 발효

미생물의 작용을 이용하여 제조된 발효식품들, 예를 들어 청주 · 맥주 · 포도주 · 간장 · 된장 · 김치 등은 독특한 향기를 가지고 있다. 이들 식품의 향기는 각각 원료 중의 탄수화물 · 단백질 · 아미노산 등의 성분이 발효과정 중 미생물의 대사에 의해 분해되어 생성된 각종 유기산류 · 알코올류 · 에스터류 · 알데히드류 · 케톤류 등이 혼합되어 이루어진 것이다. 따라서 발효식품의 향기는 발효조건 · 숙성기간 등에 따라 그 차이가 크며, 이들 식품의 품질을 좌우한다.

【4.2】 부패

식품이 미생물에 의해 부패되면 여러 가지 악취를 내게 된다. 밥이 쉬었을 때 나는 쉰 냄새는 탄수화물의 분해에 의해 생긴 부티르산 등의 유기산에 의한 것이고, 오래된 지방질 식품이 발생하는 자극성의 냄새는 지방산의 분해에 의해 생긴 케톤의 냄새이다. 또 신선도가 저하된 단백질 식품의 부패취는 단백질이나 아미노산의 분해로 생긴 황화수소, 메틸에르캅탄, 인돌, 스카톨, 암모니아 등의 혼합된 냄새이다. 한편 단백질 이외의 함질소 유기 화합물도 여러 가지 냄새를 내는 분해산물을 만든다.

Practice 연습문제

01 냄새의 화학적 분류 중 알코올류에 대해 알아봅시다.

02 암모니아와 아민에 대해 알아봅시다.

03 양배추의 향기성분에 대해 알아봅시다.

04 양파의 향기성분에 대해 알아봅시다.

05 어류의 냄새성분에 대해 알아봅시다.

06 발효와 부패의 차이점에 대해 알아봅시다.

맛

01. 미각이란

식품은 각각 그 특유한 맛을 가지고 있으며, 식품의 맛은 색깔, 냄새, 조직감 등과 함께 식품의 기호적 가치에 밀접한 관련이 있다. 또한 그 맛 자체가 영양가와 직접적으로 관계되는 것은 아니지만 식품의 좋은 맛은 식욕을 증진시킬 뿐만 아니라 소화흡수에도 좋은 영향을 주므로 식품의 품질을 결정하는 중요한 요소가 된다.

식품의 맛은 주로 미각에 의해 결정되나 기타 감각들, 성별 · 나이 · 식습관 · 기후 등에서도 변화되므로 식품의 맛에 대한 연구는 생리적 · 화학적 · 심리적 영향에 대한 통계학적인 연구가 수행되어야 한다.

1) 미각기관

미각은 혀뿐만 아니라 입천장, 입술, 뺨의 안쪽 등 입안의 모든 부분과 인두, 후두, 후두개까지 포함하는 넓은 부위에서 인식되지만, 맛 성분이 맛 수용체에 의해 감지되는 기본 맛은 혀에서만 느껴지게 된다. 미각기관으로서 혀 표면에는 유두가 존재하는데 유두는 그 생김새에 따라 윤상유두, 사상유두, 버섯상유두가 있다. 유두의 밑부분에는 여러 가지 미뢰가 분포하며, 미뢰는 타원형으로 50개 정도의 맛세포와 지지세포로 구성되어 있다. 외부에서 미뢰로 들어가는 입구를 미공이라고 하며, 맛세포의

그림 11•1

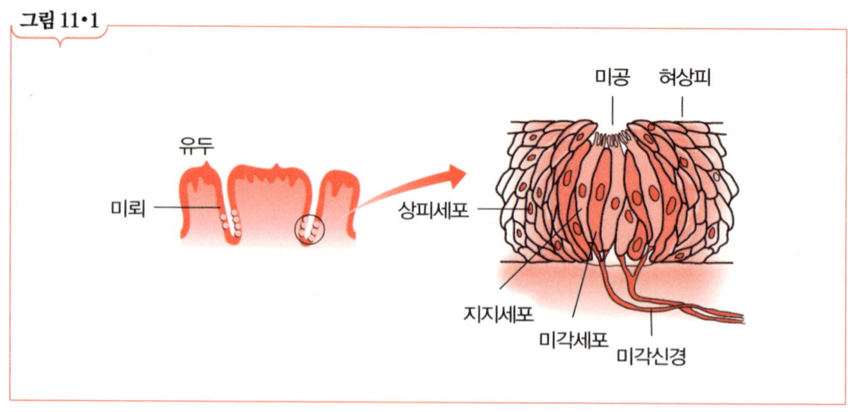

유두의 단면과 미뢰의 구조

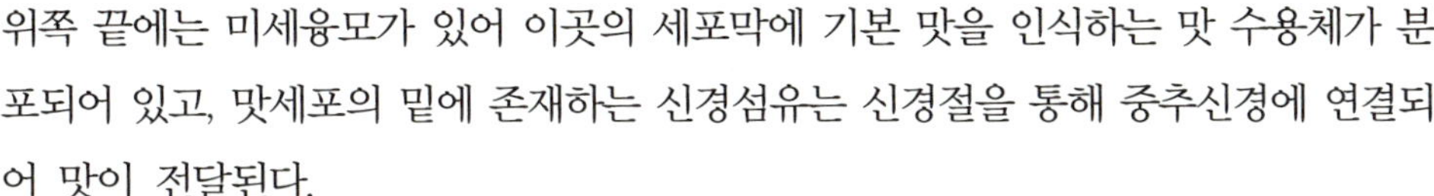

위쪽 끝에는 미세융모가 있어 이곳의 세포막에 기본 맛을 인식하는 맛 수용체가 분포되어 있고, 맛세포의 밑에 존재하는 신경섬유는 신경절을 통해 중추신경에 연결되어 맛이 전달된다.

2) 미각의 인식기작

식품의 맛은 혀의 표면에 있는 미뢰에 연결된 미각신경이 화학적인 자극을 받아 일어나는 감각이다. 침이나 음식물의 즙액에 녹아 있는 정미물질이 미공을 통과하여 미뢰로 들어와 맛세포의 수용체와 결합하여 화학적인 자극이 일어나면, 이 자극이 미뢰의 내부에 분포되어 있는 미각신경에 의해 대뇌의 미각중추에 전달됨으로써 기억되었던 어떤 맛으로 인식되게 된다.

맛을 내는 물질과 맛을 느끼는 수용체 간의 상호작용에 관한 메커니즘이 명확히 보고된 바는 없지만, 맛을 내는 화합물이 세포 내의 특이한 수용체 단백질과 상호반응을 한다고 알려져 있다. 맛을 내는 물질의 한계값은 평형상수와 최대 반응에 따라 좌우되며, 맛 물질과 동물 종에 따라 달라진다.

02. 맛의 분류

1) 단맛

단맛은 식생활과 매우 밀접한 관계를 가지고 있으며, 단맛에 대한 욕구는 매우 강하다. 많은 학자가 단맛과 단맛을 내는 물질 간의 상관관계를 알아내려고 노력한 결과, 이에 대한 몇 가지 학설이 제시되고 있으며 가장 대표적인 것이 AH-B설이다. 이 설에 의하면, 단맛을 내는 모든 물질은 산소나 질소와 같은 전기 음성원자(A)를 함유하고, 이 원자는 하나의 공유결합에 의해 양성자(H)를 가진다. 단맛 성분에서 AH는 수산기나 아미노기이다. AH의 약 3Å 거리에 제2의 전기 음성원자 B가 존재해야 하며, 이것은 주로 산소나 질소이다. 예를 들면, 과당과 같은 당류의 경우 AH에 해당되는 것은 탄소 2번에 결합되어 있는 OH기이며, 탄소 1번에 결합되어 있는 OH기의 산소원자가 B에 해당된다. 한편, 단맛을 내는 물질에 존재하는 AH-B는 미뢰 수용부위에 존재하는 동일한 AH-B 단위와 반응하여 수소결합을 형성, 결국 단맛을 느끼게 된다는 것이다. 이상과 같은 AH-B설은 당류를 비롯하여 많은 단맛을 가진 화합물들의 구조와 단맛 사이의 관계를 잘 설명해 주고 있다.

단맛 성분의 상대 감미도를 비교하기 위해 10% 설탕 용액의 단맛을 100으로 하여 표준을 삼는데, 그 이유는 설탕이 가장 많이 사용되는 감미료인 동시에 순수한 상태로 얻기 쉽고, 다른 당류와는 달리 α, β형의 이성질체가 존재하지 않아 단맛이 변하지 않기 때문이다. 단맛을 내는 화합물은 천연감미료와 인공감미료로 분류할 수 있다.

그림 11•2

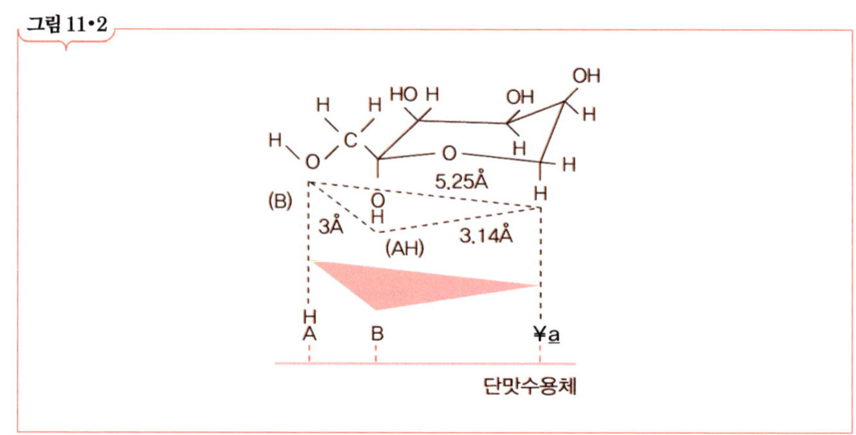

AH–B설에 의한 과당의 단맛 형성

(1) 천연감미료

천연감미료는 포도당, 과당, 맥아당, 젖당, 설탕 등의 당류와 에틸렌글리콜, 글리세롤, 에리스리톨, 만니톨, 솔비톨 등과 같은 당 알코올류와 방향족 아미노산류가 대표적이다.

(2) 인공감미료

인공감미료는 열량을 거의 발생하지 않으며, 소량만 사용해도 단맛을 낼 수 있으

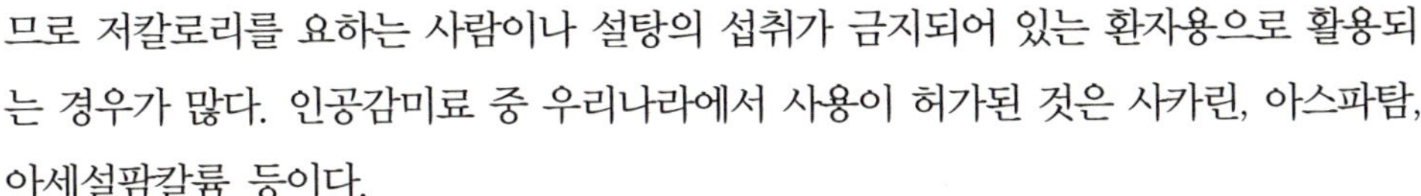

므로 저칼로리를 요하는 사람이나 설탕의 섭취가 금지되어 있는 환자용으로 활용되는 경우가 많다. 인공감미료 중 우리나라에서 사용이 허가된 것은 사카린, 아스파탐, 아세설팜칼륨 등이다.

2) 짠맛

짠맛은 생리적으로 매우 중요한 맛 성분이며, 조리의 가장 기본적인 맛이다. 짠맛 성분은 무기 및 유기 알칼리염으로서 주로 음이온에 의존하고, 양이온은 오히려 쓴맛을 낸다. 음이온의 경우 그 짠맛의 강도는 $Cl^- > Br^- > I^- > HCO_3^- > NO_3^-$의 순서이며, 염화나트륨은 가장 순수한 짠맛을 가지고 있다. 염화칼륨, NH_4Cl, 염화칼슘, 염화마그네슘 등도 짠맛을 지니나, 양이온에 의해 쓰거나 떫은맛을 낸다.

식염으로 사용되는 염화나트륨이 아닌 것은 소량의 염화칼륨, 염화마그네슘, 염화칼슘, 황산마그네슘 등을 함유하고 있으므로, 순수한 짠맛 이외에 쓴맛이 느껴진다. 일반적으로 국물의 소금 농도는 1% 정도가 가장 기분 좋은 짠맛을 내고, 감미료 중에 0.1% 정도의 식염이 있으면 단맛이 강화되며, 짠맛 속에 유기산이 섞이면 짠맛이 강화된다. 식염은 또한 영양생리상 중요한 무기질이다. 주요 식품의 소금 함량을 알아보면, 된장은 10~15%, 간장 18~20%, 염장식품 15~30%, 보통 국물 0.8~1.2%, 찌개 0.5~2.0, 젓갈 10~30%, 김치 4~5%, 단무지 8~10%, 식빵 0.7%, 버터 1~1.5%, 치즈 3~4%, 햄 · 소시지 2~4%, 간한 훈제연어 5~8%, 햄버그스테이크 1%, 감자조림 1.2%, 달걀부침 1%이다.

3) 신맛

식품의 신맛은 향기를 동반하는 경우가 많으며, 미각의 자극이나 식욕 증진에 필요하다. 신맛 성분에는 무기산과 유기산이 있으며, 신맛은 용액 중에 해리되어 있는 수소이온과 해리되지 않은 산 분자에서 기인한다. 따라서 신맛의 정도는 수소이온 농도인 pH와는 정비례하지 않으며, 같은 pH인 경우 유기산은 무기산보다 신맛이 더 강하다. 이는 무기산이 대부분 빠르게 해리되기 때문에 수소이온의 농도가 높지만 혀에 접촉되면 곧 중화되어 신맛이 더 강하다. 이는 무기산이 대부분 빠르게 해리되기 때문에 수소이온의 농도가 높지만, 혀에 접촉되면 곧 중화되어 신맛이 없어지는 반면, 유기산은 해리도가 작아 수소이온의 농도는 낮으나 혀의 점막에 접촉된 수소이온이 상실되면 점차적으로 해리되지 않았던 수소이온이 해리되어 신맛이 계속되기 때문에 전체적으로 신맛을 강하게 느끼게 된다.

산이 해리될 때 생기는 음이온은 신맛에 영향을 주는데, 무기산의 음이온은 쓴맛이나 떫은맛을 부여하며 불쾌한 신맛을 내는 반면 젖산, 구연산, 주석산 등의 유기산에서는 상쾌한 맛과 특유한 감칠맛을 부여해 식욕을 증진시켜 준다.

신맛은 수산기, 카르복실기의 수, 아미노기의 유무와 그 수에 따라 각기 다른 맛을 내는데, 수산기가 있으면 온건한 신맛을 내고, 아미노기가 있으면 쓴맛이 짙은 신맛을 낸다.

〈표 11-1〉 식품에서 중요한 유기산

종 류	구 조 식	함유식품	특 징	이 용
초산 (acetic acid)	CH_3-COOH	식초, 김치류	식초 중 3~4%	3~5% 농도로 널리 사용
젖산 (lactic acid)	$CH_3-CH(OH)-COOH$	김치류, 젖산음료, 발효유제품	풍위 있는 산미 방부성	산미와 살균력으로 식품공업에 널리 사용
숙신산, 호박산 (succinic acid)	$HOOC-CH_2-CH_2-COOH$	청주, 조개류, 사과, 딸기	감칠맛을 주는 산미	청주, 합성청주, 된장, 간장 등에 널리 사용
사과산, 말산 (malic acid)	$HOOC-CH_2-CH(OH)-COOH$	사과, 배	상쾌한 산미	젤리나 과자의 산미료 유화안정제로 사용
구연산 (citric acid)	$HOOC-CH_2-C(OH)(COOH)-CH_2-COOH$	살구, 감귤류	상쾌한 산미	청량음료, 치즈, 젤리, 잼 등에 사용 산화방지제의 상승제
주석산 (tartaric acid)	$HOOC-(CHOH)_2-COOH$	포도	칼륨염으로 존재	청량음료, 젤리, 잼 등에 사용
아스코르브산 (ascorbic acid)	$CO-C(OH)=C(OH)-CH-CH(OH)-CH_2OH$ (CO와 CH 사이 -O- 고리)	과일, 채소류	비타민 C 산화 방지	과일통조림, 주스 제조 등에 사용
글루콘산 (gluconic acid)	$HOOC-(CHOH)_4-COOH$	곶감, 발효식품	풍미 있는 산미	

보통 우리가 섭취하는 식품 중의 중요한 신맛은 초산, 젖산, 호박산, 사과산, 주석산, 구연산 등이며, 식품에 신맛을 부여하는 동시에 식품의 pH를 낮추어 부패를 방지하는 효과도 있다. 또한 과일에 함유된 사과산, 구연산 등은 과일 특유의 풍미를 부여하기도 한다. 자연식품의 pH는 대부분 5.0~6.5이며, 식초나 과일 외에는 신맛을 특별히 느낄 수 없다.

4) 쓴맛

쓴맛은 일반적으로 식미를 나쁘게 하지만 쓴맛 성분에는 약리작용을 하는 것이 많이 있다. 식품에서의 쓴맛은 미량으로 존재하며 다른 맛 성분과 조화된 약간의 쓴맛은 오히려 식품의 기호성을 높여주는 작용을 한다. 커피, 코코아, 맥주, 차, 초콜릿 등의 쓴맛이 좋은 예이다.

쓴맛은 혀의 뒷부분에서 예민하게 지각되어 비교적 장시간 지속되는 맛이며, 단맛, 신맛, 짠맛에 비해 가장 감도가 예민하여 맛의 역가가 상당히 낮다. 식품 중의 쓴맛 성분으로는 크게 알칼로이드, 배당체, 케톤류, 무기염류 및 단백분해물 등으로 구분된다.

5) 매운맛

매운맛은 미각이라기보다는 구강 내의 신경을 통해 느끼게 되는 일종의 생리적 통각이다. 일반적으로 매운맛은 향기를 동반하는 경우가 많으며, 2가지가 합하여 식욕을 촉진시키고 건위작용을 한다. 따라서 이러한 효과를 가지는 조미료를 향신료라 부르며, 적당한 매운맛은 맛에 긴장감을 주고 식욕 증진 및 살균·살충 작용을 돕는다.

식품 중의 매운맛 성분은 화학구조에 따라 산아미드류, 황화합물류, 방향족 알데히드 및 케톤류, 아민류 등으로 구분된다.

산아미드류에는 캡사이신, 차비신, 산스홀, 황화합물류에는 시니그린, 디비닐설피드, 디알릴설피드, 디알릴디설피드, 프로필알릴설피드, 알리신, 방향족 알데히드 및 케톤류에는 진저론, 쇼가올, 진저롤, 쿠르쿠민, 바닐린, 시나믹알데히드, 아민류에는 히스타민, 티라민이 있다.

〈표 11-2〉 식품의 쓴맛 성분

구 분		구조식	식 품	특 징
알칼로이드	카페인 (caffeine)	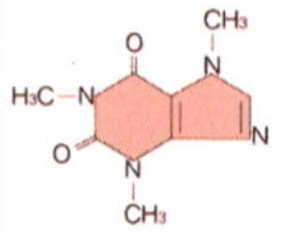	차, 커피, 콜라, 견과	- 녹차, 홍차, 커피, 코코아의 쓴맛 - 중추신경제 흥분작용
	테오브로민 (theobromine)	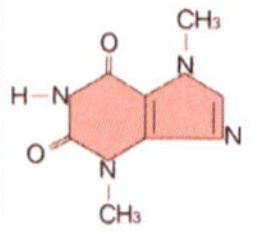	코코아, 초콜릿	- 이뇨제 - 퓨린 유도체
	퀴닌 (quinine)	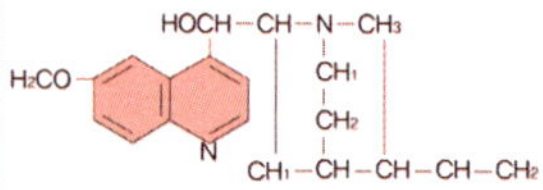	키나	- 쓴맛의 표준물질로 염기성 식물추출물 - 해열제, 진통제(특히, 말라리아)
배당체	나린진 (naringin)	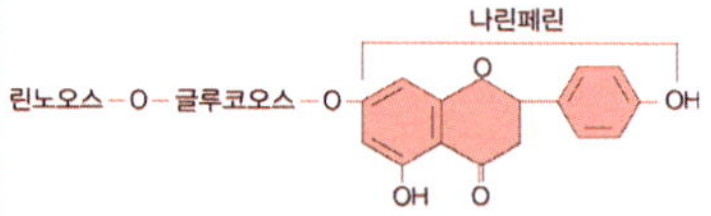	말감, 자몽	- 플라본의 나린제닌의 배당체 - 효소 나린지나아제에 의해 분해되어 당이 제거되면 쓴맛이 없어짐(예 : 과즙, 통조림 제조시 적용)
	큐커비타신 (cucurbitacin)	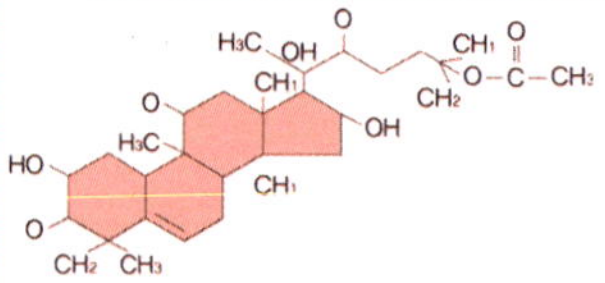	오이의 꼭지부분	- A, B, C, D, E 등 약 20종 - 오이가 미숙할 때는 함량이 많으나 익어감에 따라 감소
	쿼세틴 (quercetin)	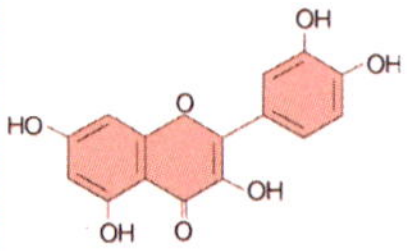	양파껍질	- 루틴의 아글리콘
케톤류	후물론 (humulon)	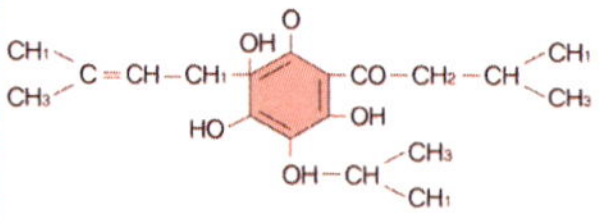	호프 (맥주 원료)	- 후물론은 암꽃에 많이 존재 - 항균력 - 기포성과 지도성 부여
	루풀론 (lupulon)	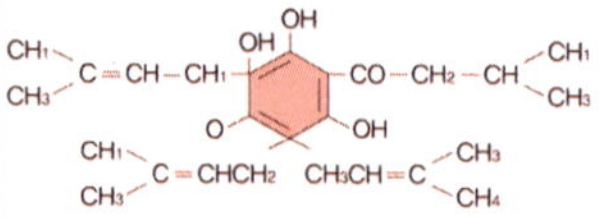		
	투존 (thujone)	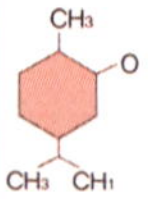	쑥	- 독성이 없고 분자 안에 질소가 없음
무기염류	염화마그네슘 염화칼륨	$MgCl_2$ $CaCl_2$	간수	- 두부응고제(쓴맛을 제거하기 위해 두부는 응고 후 3~4시간 물에 담가둠)

〈표 11-3〉 식품의 매운맛 성분

구 분		구조식	식 품	특 징
산아미드류	캡사이신 (capsaicin)	OH, OCH_3 (벤젠고리), CH_3 $CH_2NHCO(CH_2)_4CH=CHCHCH_3$	고추	- 대기 중에 방치하면 점차 휘산됨 - 체내에서 황산화작용
	차비신 (chavicine)	CH_2-O, O (벤젠고리) 시스형 $-CH=CH-CH$ ‖ 시스형 N−C−H ‖ O	후추	- 트랜스형 이성체 피페린은 매운맛이 없고 시스형인 차비신이 매운맛을 가짐
	산스홀 (sanshool)	$CH_3(CH_2)_3CO-NH-CH_2-CH\langle^{CH_3}_{CH_4}$	산초	- 조피나무(Chinese pepper) 열매에서 얻음
황화합물류	시니그린 (sinigrin)	$CH_2=CHCH_2-C\langle^{S-glucose}_{NOSO_3K}$	흑겨자 고추냉이	- 흑겨자에 존재하는 시니그린은 미로시나아제에 의해 가수분해되어 알릴이소티오시아네이트를 생성하면서 매운맛을 냄 * $CH_2=CHCH_2 \cdot N=C=S$ (allylisothiocyanate)
	디비니리설피드 (divinylsulfide)	$CH_2=CH$ \ S / $CH_2=CH$	부추류	- 마늘, 파, 양파, 부추 등의 매운맛 정유 성분
	디알릴설피드 (diallylsulfide)	$CH_2=CH-CH_2$ \ S / $CH_2=CH-CH_2$		
	디알릴디설피드 (diallyldisulfide)	$CH_2=CH-CH_2-S$ | $CH_2=CH-CH_2-S$		
	프로필알릴설피드 (propylalylsulfide)	$CH_2=CH_2-CH_2$ \ S / $CH_2=CH_2-CH_2$		

6) 감칠맛

감칠맛이란 단맛, 짠맛, 신맛, 쓴맛이 잘 조화된 구수한 맛을 표현한 것으로, 단일 물질에 의한 맛이 아닌 여러 가지 맛을 내는 성분이 혼합된 것이라 할 수 있다. 일반적으로 식품은 소량이라도 감칠맛을 가지고 있으며, 특히 단백질 식품에 감칠맛이 많이 함유되어 있다. 감칠맛은 아직도 일부에서 원미로서 인정하지 않고 있으나, 근래의 연구에 의하면 감칠맛이 원미로서의 여러 조건을 충족하고 있음을 보여주고 있다.

감칠맛을 내기 위해 오래전부터 천연조미료로서 간장, 된장, 젓갈류, 해조류, 버섯을 사용하여 왔고, 근래에 와서는 향미증진제 또는 향미강화제라 불리는 감칠맛 성분의 물질을 공업적으로 대량 생산하여 사용하고 있다.

〈표 11-4〉 식품의 감칠맛 성분

<table>
<tr><th colspan="2">구 분</th><th>구 조 식</th><th>함유식품 및 특성</th></tr>
<tr><td rowspan="7">아미노산과 유도체</td><td>글리신
(glycine)</td><td>$NH_2 \cdot CH_2 \cdot COOH$</td><td>- 조개류, 게 또는 새우</td></tr>
<tr><td>베타인
(betaine)</td><td>$CO - CH_2 - N - (CH_3)_3$
└── O ──┘</td><td>- 오징어, 새우, 문어, 전복, 조개류, 게 등</td></tr>
<tr><td>테아닌
(theanine)</td><td>$CO - NH - C_2H_5$
|
CH_2
|
CH_2
|
$CHNH_2$
|
$COOH$</td><td>- 햇빛을 가리고 재배한 녹차
- 단맛 띤 감칠맛 성분</td></tr>
<tr><td>아스파라긴
(asparagine)</td><td>$CONH_2$
|
CH_2
|
$CHNH_2$
|
$COOH$</td><td>- 어류, 육류 및 채소</td></tr>
<tr><td>트리코롬산
(trichoromic acid)</td><td>$CH_2 - CH - CHCOOH$
| | |
CO O NH_2
\ /
NH</td><td rowspan="2">- 향미증진제
- 파리버섯의 감칠맛 성분으로 분리된 새로운 아미노산
- Tricholoma속과 Amanita속 버섯으로부터 분리
- 감칠맛은 L-글루탐산과 유사하면서도 강도가 높음</td></tr>
<tr><td>이보텐산
(ibotenic acid)</td><td>$CH = C - CHCOOH$
| | |
CO O NH_2
\ /
NH</td></tr>
<tr><td>글루탐산의 나트륨염
(MSG : monosodium glutamate)</td><td>COOH COONa
| |
CH_2 CH_2
| |
CH_2 CH_2
| |
$H_3N - CH$ $H_3N - CH$
| |
COOH COOH</td><td>- 대표적인 감칠맛
- 향미증진작용이 매우 우수
- 사요기준량은 0.1~0.3%</td></tr>
<tr><td rowspan="2">콜린 및 유도체</td><td>콜린
(choline)</td><td>CH_3
/
$HO - CH_2 - CH_2 - \overset{+}{N} - CH_3$
\
CH_3</td><td>- 일반적인 식품에 광범위하게 분포되어 있는 감칠맛</td></tr>
<tr><td>트리메틸아민 옥시드
(trimethylamine oxide)</td><td>CH_3
/
$O - N - CH_3$
\
CH_3</td><td>- 어류의 감칠맛 성분
- 환원하면 트리메틸아민이 생성되는데 이것이 어류의 성분</td></tr>
<tr><td rowspan="2">기타</td><td>숙신산
(succinic acid)</td><td>CH_2COOH
|
CH_2COOH</td><td>- 청주 등의 양조주와 조개류 등에 들어있는 감칠맛 성분으로서 유기산</td></tr>
<tr><td>타우린
(taurine)</td><td>CH_2NH_2
|
$CH_2 - SO_3H$</td><td>- 오징어, 문어 등에 함유</td></tr>
</table>

7) 떫은맛

떫은맛이란, 혀 표면에 있는 점성단백질이 일시적으로 변성 응고되어 미각신경이 마비됨으로써 일어나는 수렴성의 불쾌한 맛으로, 특히 감, 차, 커피, 맥주, 포도주, 도토리 등에서 나타난다. 식품에서는 주로 폴리페놀성 물질인 탄닌류가 떫은맛의 대표적인 원인이 되지만, 지방산도 때로는 떫을 경우가 있다. 떫은맛이 강하면 불쾌하나 약하면 쓴맛에 가깝게 느껴지고, 특히 차나 포도주에서의 약한 떫은맛은 다른 맛과 조화되어 독특한 풍미를 부여한다. 훈제품, 말린 생선과 같이 지방질이 많은 식품을 오래 저장하였을 때 떫은맛을 가지는 것은 지방질의 분해에 의해 생긴 지방산과 알데히드에서 기인하는 것이다.

8) 기타

(1) 금속 맛

금속 맛은 금속이온에 의해 나타나는 맛으로 혀의 표면이나 구강 안의 넓은 구역에서 감지되며 뒷맛으로 느껴지는 경우가 많다. 금속 맛은 수은이나 은의 염에서 가장 강하게 느껴지지만 보통은 철, 구리, 주석의 염에서도 느껴지므로 수저 · 포크에서도 느낄 수 있다.

(2) 아린 맛

아린 맛은 쓴맛과 떫은맛이 복합적으로 섞인 불쾌감을 주는 맛으로 죽순, 고사리, 고비, 우엉, 토란, 가지 등의 채소와 산채에서 볼 수 있다. 이들을 식용으로 조리하기 전에 물에 담그는 것은 아린 맛을 제거하기 위한 과정으로서 무기염류, 배당체, 탄닌, 유기산 등에 의한다.

(3) 시원한 맛

중요한 맛 중의 하나로 시원한 맛이 있다. 이 감각은 물질이 코나 입의 조직을 자극하여 느끼는 것으로, 대표적인 것은 박하에 함유되어 잇는 멘톨이다. 당알코올 중

자일리톨, 만니톨, 솔비톨 등은 단맛과 함께 시원한 맛도 나타낸다.

(4) 교질 맛

교질 맛 또는 점활미란 식품이 혀 표면과 입 속 점막의 물리적인 접촉에 의하여 일어나는 감각으로, 맛을 느끼는 데 있어서는 중요한 것이다. 이 감각은 주로 식품의 교질 상태에 의하여 좌우되는 것으로, 식품 중의 고분자 화합물인 다당류와 단백질에서 유래되는 경우가 많다. 예를 들면, 밥이나 떡의 호화전분, 찹쌀밥의 아밀로펙틴, 곤약의 글루코만난, 과일잼의 펙틴질, 한천의 갈락탄, 해조의 알긴산 등의 다당류는 각각의 식품에 교질 맛을 주는 성분이다. 또 밀가루의 글루텐, 고깃국의 젤라틴, 토란의 뮤신 등의 단백질은 교질성 미각을 준다.

01 미각의 인식기작에 대해 알아봅시다.

02 천연감미료와 인공감미료에 대해 알아봅시다.

03 식품에 중요한 유기산에 대해 알아봅시다.

04 배당체 종류에 대해 알아봅시다.

05 감칠맛의 정의에 대해 알아봅시다.

06 떫은맛에 대해 알아봅시다.

물성

01. 식품의 물성이란

식품은 여러 가지 물질이 분산되어 존재하여 기체, 액체, 고체상을 이루고 따라서 그 물리적인 특성도 다양하다. 액체의 경우, 분산되어 있는 물질의 크기에 따라 다양한 용액이 형성되고 녹아 있는 용질의 크기에 따라 액체상의 분산액은 진용액, 콜로이드 용액, 부유 상태로 나뉜다. 각 용액은 각자 고유의 성질을 가지고 있으므로 특성이 다양하다. 따라서 이 장에서는 소비자의 기호도에 맛, 냄새, 색만큼 중요한 영향을 미치는 식품에서 느껴지는 다양한 물리적 특성과 리올로지, 텍스처 등을 다룬다.

02. 교질의 성질

진용액의 용질보다 분산질의 입자가 큰 교질은 여러 가지 점에서 진용액과 다른 성질을 가지고 있다. 교질은 다음과 같은 중요한 성질을 갖는다.

1) 브라운운동

솔의 상태에서 분산매인 물분자가 항상 운동을 하고 있는데, 이 물분자가 분산질인 교질입자에 충돌하여 입자는 불균일한 힘의 작용을 받아 끊임없이 운동을 계속하게 되는 것을 브라운(Brown)운동이라 한다.

2) 응결

소수성 솔에 소량의 전해질을 넣으면 교질입자가 침전되는데, 이러한 현상을 응결(coagulation)이라 한다. 소수성 솔은 주로 입자의 전하에 의해 분산되므로 소량의 전해질을 넣어 전하를 증가시키면 불안정하던 입자는 서로 집합하여 크게 되어 쉽게 응집된다. 그러나 친수성 솔에서는 전해질을 넣어도 잘 침전되지 않는데, 이 경우 전하의 중화 외에 입자와 결합하고 있는 물의 분자를 유리시켜야 한다. 따라서 많은

양의 전해질을 가하면 친수성 솔을 침전시킬 수 있는데 이것을 염석(salting out)이라 한다.

3) 반투성

이온 또는 작은 분자는 셀로판(cellophane)막을 통과할 수 있으나, 단백질 같은 교질입자가 큰 분자는 통과하지 못하는 막을 반투막이라 부른다. 단백질과 같은 교질입자가 반투막을 통과하지 못하는 성질을 반투성이라 부르는데 조리·가공에서 대단히 중요하다. 즉 날 식품의 세포 원형질은 반투성을 가지고 있으나 가열조리 하면 이것이 터져서 반투성이 없어져 내용물이 녹아 나온다.

4) 흡착

교질입자는 표면적이 큰 까닭에 다른 물질을 흡착하는 성질이 있다. 이것은 메틸렌 블루(methylene blue)의 수용액에 목탄과 활성탄 같은 다공질의 물질을 넣으면 그 용액 중의 색소가 넓은 표면적에 흡착되어 용액의 색이 없어지는 현상과 같은 원리로써 설명된다.

03. 거품

1) 거품의 형성

분산질이 기체이고, 분산매가 액체인 교질, 즉 수중유적형의 유화의 기름방울이 공기압으로 바뀐 형을 거품 포(泡, foam)라고 한다. 공기는 기름보다 비중이 더욱 적으므로 용액 위에 떠오르며, 이 때 물과 공기만으로는 안정한 거품이 생성되지 않는다. 교질에서 물과 기름 사이의 계면에 유화제(수용성 단백질, saponin)가 첨가되어야만 안정되듯이 거품도 공기와 물 사이의 계면에 제3의 물질 곧 기포제가 흡착되어야 흡착막을 이루어 안정된다.

2) 거품 지우기

우유를 끓일 때나 발효제품 · 두부 · 물엿 등의 식품 제조에서 거품이 바람직하지 않을 때 거품을 없애려면 거품 일부의 표면장력이 감소되도록 변화시키면 된다. 즉 지방산 유지, 고급 알코올을 사용하고 있었으나 요즘은 여러 가지 소포제가 생산되므로 적당한 것을 선택하면 거의 완전하게 방지된다.

04. 리올로지

리올로지란 물질의 변형과 유동에 관한 과학으로서 리오(rheo)는 유동을 가리키는 그리스어에서 유래되었다. 식품의 기호성은 식품의 맛 · 향기 · 색 · 질감 등이 중요하다. 즉 씹을 때 느끼는 경도 · 점성 · 탄성 등의 물리성이 식품의 기호성에 크게 영향을 주는 것이다.

외부의 힘에 의하여 생기는 변형의 양은 시간적으로 보면 개념상 여러 가지로 구별할 수 있다.

1) 점성

액체가 흐르는 성질을 점성(viscosity)이라 한다. 점성이 높은 식품일수록 유동되기 어려운 것은 내부 마찰저항이 크기 때문이다. 그리하여 힘이 주어진 순간의 변형은 영(0)이지만, 시간이 흐르면 변형이 차츰 증가하고 힘을 없애도 처음으로 되돌아가지 않는 것을 점성유동이라 한다.

2) 탄성

탄성(elasticity)이란 외부의 힘에 의해 변형을 받고 있는 물체가 외부의 힘이 제거될 때 원래의 상태로 되돌아가려는 성질을 말한다. 모든 물체는 약간의 탄성을 가지고 있으며, 일반적으로 탄성이 있는 물체라는 것은 탄성 한계 내에서 외부의 힘을 제거하면 원상태로 되돌아가는 탄성 변형을 하게 된다. 탄성 변형에는 늘어나기 · 줄어들기 · 층밀리기 · 휨 · 비틀림 등이 있다.

3) 소성

버터 · 마가린 · 생크림 등은 힘을 주어도 탄성 변형, 점성 유동이 일어나지 않으나 일정한 값 이상의 힘을 주면 처음으로 되돌아가지 않는 것을 소성이라 한다. 이는 탄성에서 소성으로 변화하는 한계점의 힘을 항복치라 하고, 이를 브링햄 소성이라고 한다. 따라서 버터나 마가린 등에서 요구되는 중요한 물리성이 바로 가소성이다.

4) 점탄성

밀가루에 물을 넣고 반죽한 것을 잡아당기면 늘어나기도 하고 그 모양이 바뀌기도 하는데, 이처럼 탄성 변형과 점성 유동이 동시에 일어나는 복잡한 성질을 점탄성(viscoelasticity)이라고 하며, 이러한 변형을 점탄성 변형이라고 한다.

일반적으로 점탄성은 온도 · 시간 등에 영향을 받는다. 예를 들면, 막대기 모양의 엿은 기온이 낮을 때는 구부리면 부러지나 온도가 높아지면 점탄성을 나타낸다.

점탄성체에는 고체상 점탄성체와 유체상 점탄성체가 있는데 이들 점탄성체는 다음과 같은 여러 가지 성질을 가지고 있다.

- 예사성 : 청국장이나 달걀 흰자위 등에 젓가락을 넣어 당겨 올리면 실을 빼는 것과 같이 되는 성질이다.
- 바이센베르그의 효과 : 연유 중에 젓가락을 세워 회전시키면 연유가 젓가락을 따라 올라가는 성질이다.
- 경점성 : 점탄성을 나타내는 식품의 경도를 말하며, 반죽 또는 떡의 경점성은 파리노그래피를 이용하여 각종 밀가루의 파리노그래피를 측정한다.
- 신전성 : 국수처럼 늘어나는 성질을 말하며, 신전성은 인장시험으로 측정하나 실제로는 익스텐소그래피 등의 장치를 사용하여 각종 밀가루의 익스텐소그램을 측

정한다.

- 텐더너스 : 이는 식품섭취 시 촉감과 관계가 있는 성질로 점탄성과 관계가 있는 것으로 생각되나 복잡한 성질이다. 이는 텐더미터 등으로 측정한다.
  - 각종 밀가루의 파리노그램(farinogram) 및 익스텐소그램이다.

Practice 연습문제

01 물성의 정의에 대해 알아봅시다.

02 염석에 대해 알아봅시다.

03 소성과 가소성에 차이점에 대해 알아봅시다.

04 점탄성의 성질에 대해 알아봅시다.

효 소

01. 효소란

효소는 극미량으로 생체 내에서 일어나는 화학반응에 촉매역할을 하는 일종의 생체 촉매이다. 신선한 과일, 채소, 어패류, 육류 등에는 여러 종류의 효소가 함유되어 있어 식품의 보존, 가공, 저장 중에 일어나는 변화에 영향을 준다.

02. 효소의 성질

효소는 생체세포에서 만들어져 촉매작용을 가지는 활성단백질이다. 생체세포는 효소를 함유하고 있으므로 신선한 식품에서는 이들 효소가 활동을 계속하여 식품 성분을 바람직하게 변화시키기도 하고, 바람직스럽지 못한 변화를 하기도 한다. 식품의 저장 · 가공 · 발효 · 부패 등이 일어나는 과정에서도 식품 자체의 효소 외에 미생물이 분비한 효소가 작용하여 식품의 성분 변화에 중요한 이유가 되기도 한다.

효소의 본체는 단순단백질로 구성되는 경우, 단순단백질과 비단백질 부분이 결합하여 복합단백질로 구성되는 경우인데, 후자의 것을 완전효소라고 하며, 이 완전효소에서 단순단백질의 부분을 탈리효소라 하고, 비단백질 부분이 쉽게 해리될 때는 조효소라고 하며, 해리되지 않을 때를 접합단이라 한다.

육류 · 치즈 · 된장의 숙성과 같이 식품 중의 효소작용을 이용하는 경우, 식품의 선도 유지 및 변색 방지를 위해 식품 중의 효소작용을 억제하는 경우, 효소를 가공식품에 넣어 가공식품의 질적 향상을 이용하는 경우, 예로서 과즙에 펙티나아제를 첨가하여 혼탁 방지, 육류에 단백질 분해효소를 첨가하여 육질이 연화되는 경우, 전분에서 포도당, 글루탐산, 아스파르트산의 제조에 효소를 이용하는 경우 식품산업에서 효소를 이용한다.

이와 같이 식품을 가공 및 저장하는 중에 효소반응이 유익할 때는 효소작용을 촉진하도록 하고, 반대로 효소작용으로 좋지 않다면 효소반응을 억제하여 식품의 선도를 유지해야 하므로 효소의 일반적인 성질과 특성을 아는 것이 중요하다.

03. 효소의 분류

효소는 국제생화학연합회(IUB)의 효소위원회에서 6종류로 분류하였다. 또한 효소명은 펩신, 트립신과 같은 관용명과 말타아제 같은 기질인 맥아당에 -ase를 붙이는 기질명과 옥시다아제 같이 반응명 뒤에 -ase를 붙이는 반응명이 있고, 또한 석시닉디하이드로게나아제 같이 기질명과 반응명을 함께 쓰는 경우가 있다.

효소단위는 "특정된 조건에서 1분 동안에 1μmole의 기질, 또는 1μ 당량에 결합하는 효소량"을 1unit로 제안하였다.

식품에 관여하는 효소는 주로 산화환원효소와 가수분해효소이다.

1) 산화환원효소

(1) 포도당 산화효소

당류 중 포도당만을 산화하여 글루콘산과 H_2O를 생성하는 효소로 pH 5.6~5.8, 최적온도 30~40℃이며, 포도당과 산소를 제거하여 식품 변질을 방지하는데 주로 전지분유 · 커피 · 코코아 · 육류 · 유제품 등에 이용한다.

(2) 폴리페놀 산화효소

이 효소는 카테콜 옥시다아제, 카테콜라아제, 디페놀 옥시다아제, 폴리페놀라아제 등으로 불리는 효소로 감자 · 사과 · 복숭아 · 버섯 · 홍차 등에 존재하는 페놀성 물질에 작용하여 퀴논류를 생성하여 식품을 갈색화하는 효소로 최적 pH 5~6, Cu^{2+}와 Fe^{2+}에 의해 활성화되고 Cl^- 이온에 의해 저해된다.

(3) 티로시나아제

이 효소는 분자상 산소가 존재할 때 산화하여 갈색을 형성하는 효소로, Cu를 함유하는 산화효소로 모노폴리페놀 옥시다아제라고도 불리며 버섯류 · 채소 · 과일 · 감자류에 많이 존재한다. 감자류의 갈변이 해당된다.

(4) 카탈라아제

과산화수소에 작용하여 물과 산소로 분해시키는 효소인데 최적 pH는 6.8 내외로 치즈 제조 시 사용한 과잉의 보존제로 혼입된 H_2CO_2를 제거한다.

(5) 아스코르빈 산화효소

아스코르빈산에 작용하여 디하이드로아스코르빈산과 물로 분해하는 작용을 갖는 효소로 식품에 널리 분포한다.

(6) 리폭시다아제

불포화지방산에 산소와 작용하여 과산화물을 생성하는 효소로 최적 pH는 6.5로 유지의 산패와 카로틴의 파괴에 관여하는 효소이다.

2) 가수분해효소

(1) 알파-아밀라아제

아밀로오스와 아밀로펙틴의 α-1, 4 포도당결합을 내부에서 불규칙하게 가수분해하는 액화형 효소로서 최종 생성물은 덱스트린, 맥아당, 포도당을 생성한다. 생성 환원당은 α-형이므로 α-아밀라아제라 하며 타액 · 맥아 · 세균 · 곰팡이에 존재한다. α-아밀라아제의 최적 pH는 5.8~6.4로 주류, 물엿, 포도당 등에서 고온 액화에 이용된다.

(2) 베타-아밀라아제

아밀로오스와 아밀로펙틴의 α-1, 4 포도당결합을 비환원성 말단에서 맥아당 단위로 규칙적으로 절단하여 덱스트린이나 맥아당을 생성하는 당화형 효소로 고구마 · 맥아 · 대두 등 주로 식물성 조직에 존재하는 효소이다. 이 효소의 최적 pH는 5.0~7.0로 알려져 있다.

(3) 글루코아밀라아제

전분의 비환원성 말단에서 포도당을 하나씩 절단하는 당화형 아밀라아제로 최적 pH는 4~5이다. 이 효소는 β-아밀라아제가 절단할 수 없는 α-1, 6 결합도 절단하여 전분을 100% 포도당으로 분해하며 포도당 제조에 사용한다.

(4) 펙티나아제

불용성의 천연 펙틴을 가용화하는 프로토펙티나아제, 펙틴 물질의 메틸 에스테르를 가수분해하여 펙티닉산을 생성하는 펙틴에스테라아제, 펙티닉산을 가수분해하는 액화형 및 당화형의 폴리갈락투로나아제가 있다. 당 농도가 낮은 잼, 젤리 제조나 과채류의 연화 또는 과즙의 청징에 이용된다.

예를 들면, 김치의 저장 중 연부현상이 나타나는데, 이는 조직을 구성하는 펙틴질이 분해되기 때문이며 호기성 미생물이 성장 · 번식하여 펙틴분해효소를 생성하기 때문이다.

(5) 헤스페리디나아제

이는 최적 pH가 3.5, 최적 온도가 60℃인 효소로서 밀감 통조림의 백탁을 방지한다.

(6) 나린기나아제

나린기나아제는 최적 pH 4.5, 최적온도 50℃로 감귤의 쓴맛 성분을 가수분해하여 무미인 나린제닌을 생성한다.

(7) 셀룰라아제

셀룰로오스를 가수분해하여 셀로비오스와 포도당을 생성하는 효소로 전분 제조, 대두단백 추출, 한천 제조, 두류의 탈피 등에 이용되는 효소이다.

(8) 인베르타아제

설탕을 가수분해하는 효소로 최적 pH는 4.5~5.0이다. 이 효소에 의한 설탕에서 생성된 전화당은 설탕보다 용해도가 높고 석출되지 않으며 흡습성이 높아서 인공벌꿀 · 초콜릿 · 양갱 · 아이스크림 생산에 사용된다.

(9) 락타아제

유당을 가수분해하는 효소로 복숭아 · 사과 · 아몬드 등의 식물과 젖산균 · 대장균에 존재하며 아이스크림 · 농축유 등에서 용해도가 낮은 유당의 결정이 석출되는 것을 방지하며 감미 증가에 이용된다.

(10) 리파아제

유지를 가수분해하여 글리세롤과 지방산으로 분해하는 효소로 최적 pH 5.5~8.6으로 소화제나 유제품의 방향제, 세제, 지방산 제조에 사용된다.

(11) 프로테아제

이 효소는 단백질의 펩티드결합을 절단하는 효소로 큰 분자사슬의 내부를 절단하는 엔도펩티다아제로 펩신, 트립신, 키모트립신, 레닌 등이 있고, 펩티드의 바깥쪽의 펩티드 사슬을 차례로 절단하여 아미노산을 생성하는 엑소펩티다아제 및 유리 아미노기에 인접한 펩티드 사슬을 절단하는 아미노펩티다아제가 있다.

04. 식품과 효소

신선식품에 존재하는 효소는 식품을 보관, 저장할 때 식품 성분의 변화를 일으켜 품질을 저하시키므로 데치기, pH 조절, 저해제 첨가, 저온저장 등 적당한 방법을 이용하여 효소활성을 조절해야 한다. 한편, 일부 효소는 식품의 텍스처, 향미 등을 개선하기 위해 식품가공에 이용되기도 한다. 식품 효소는 대부분 가수분해효소와 산화환원효소에 속한다.

1) 가수분해효소

(1) 아밀라아제

아밀라아제는 전분을 가수분해하는 효소를 말하며 α-아밀라아제, β-아밀라아제, 글루코아밀라아제 등이 있다.

α-아밀라아제는 발아 곡류, 췌장액, 타액, 일부 세균, 곰팡이 등 동물, 식물, 미생물에 널리 분포되어 있다. α-아밀라아제는 전분의 α-1, 4 결합을 무작위로 가수분해하여 저분자량의 덱스트린을 생성하고 점도를 급격히 감소시키는 액화효소이다. α-아밀라아제는 전분 현탁액의 투명도와 환원력을 증가시키고, 50℃ 정도에서 가장 큰 활성을 보이며, 최적 pH는 4.7~6.9이다. 맥자 중의 α-아밀라아제는 맥주 제조에 매우 중요하다.

β-아밀라아제는 고구마와 같은 서류 그리고 곡류, 두류, 엿기름, 타액에 절리 분포되어 있으며, 최적 pH는 5.0~6.0이다. β-아밀라아제는 전분을 비환원성 말단에서부터 맥아당 단위로 가수분해하는데, 이 때 생성되는 맥아당이 단맛을 내기 때문에 당화효소라고도 한다. β-아밀라아제에는 제빵, 맥주 제조, 주정에 많이 이용된다.

글루코아밀라아제는 주로 곰팡이가 생산하는 효소로 비환원성 말단으로부터 차례로 가수분해하여 β-포도당을 생성한다. 이 효소는 옥수수시럽, 포도당 제조 등에 이용된다.

(2) 펙틴분해효소

펙틴분해효소는 고등식물의 세포벽이나 세포간질에 존재하는 다당류인 펙틴질을 분해하는 효소이다. 펙틴분해효소는 과일주스를 제조할 때 과즙의 여과 및 청징, 포도주의 청징 등에 이용되며 과일의 숙성과 연화에도 중요한 역할을 한다. 펙틴분해효소에는 펙틴에스터라아제, 폴리갈락투로나아제 등이 있다.

펙틴에스터라아제는 펙틴의 메틸에스테르기를 분해하여 펙틴산을 생성하는 효소로 최적 pH가 7~9이며 감귤류와 토마토는 이 효소의 활성이 높다. 폴리갈락투로나아제는 폴리갈락투론산의 α-1, 4 결합을 가수분해하여 갈락투론산을 생성하는 효소이다.

(3) 리파아제

중성지방의 에스테르결합을 가수분해하는 리파아제는 식물, 동물, 미생물에 존재하며, 여러 식품의 향미에 영향을 준다. 우유에 혼입된 리파아제는 유지방을 분해하여 가수분해적 산패를 일으키며, 이 때 생성된 부티르산과 같은 저급지방산은 불쾌취의 원인 물질이 된다. 한편, 치즈나 초콜릿의 독특한 향미 생성에 리파아제가 이용되기도 한다. 즉, 블루치즈에 속하는 로케포르티치즈는 숙성 시 페니실리움 로케포르티가 분비하는 리파아제에 의해 카프로산, 카프릴산 등이 생성되어 치즈 특유의 강한 자극적 향미를 낸다.

(4) 프로테아제

프로테아제는 단백질의 펩티드결합을 분해하는 효소로 고등식물, 동물, 미생물에 존재한다. 이 효소에는 단백질 분자 내의 펩티드결합에 작용하는 엔도펩티다아제와 유리 상태의 α-아미노기나 카르복실기가 있는 말단의 펩티드결합에 작용하는 엑소펩티다아제가 있다.

레닌은 송아지의 제4 위에서 생산되는 효소로서 치즈 제조에 이용되며 주로 뮤코속의 곰팡이가 분비하는 효소를 사용한다. 즉, 레닌은 우유의 카세인을 부분적으로 가수분해하여 불용성인 파라-κ-카제인과 가용성인 글리코펩티드를 생성하며, 파라-κ-카세인은 우유 중의 다른 카세인과 함께 응고하여 커드를 형성한다. 파파인은 파파야에 함유되어 있는 효소로 염기성 아미노산이나 류신, 글리신과의 결합을 가수분해하며, 육류의 연육제, 맥주의 혼탁 제거 등에 이용한다. 식물에 존재하는 프로테아제에는 파파인 외에 무화과에 존재하는 피신, 파인애플에 존재하는 브로멜린 등이 있다. 카텝신은 동물조직에 존재하는 단백질 분해효소로 사후경직된 육류의 연화에 관여한다.

2) 산화환원효소

(1) 폴리페놀옥시다아제

폴리페놀옥시다아제는 폴리페놀 화합물을 산화시켜 갈변을 일으키는 효소이며, 이

효소의 활성화에는 산소가 필요하기 때문에 과일이나 채소의 껍질을 벗기거나 잘라서 공기 중에 방치하면 갈변이 일어난다. 바나나, 복숭아, 사과, 감자, 버섯 등과 같은 과일과 채소의 조직에는 폴리페놀옥시다아제 및 기질인 카테킨, 카테콜, 클로로겐산, 티로신 등과 같은 폴리페놀 화합물이 널리 존재한다. 폴리페놀옥시다아제는 폴리페놀 화합물이 공기 중의 산소와 반응하여 퀴논으로 산화되는 반응을 촉매하며, 퀴논은 자발적으로 중합반응을 거쳐 갈색 색소인 멜라닌을 형성한다. 폴리페놀옥시다아제에 의한 갈변은 과일과 채소의 품질을 저하시키는 주원인이므로 다양한 방법으로 반응을 억제시키지만, 우롱차와 홍차를 제조할 때는 의도적으로 이 반응을 일으킨다.

(2) 리폭시게나아제

리폭시게나아제는 불포화지방산의 산화에 촉매되는 효소로서 리놀산, 리놀레산과 같이 시스, 시스-1, 4-펜타디엔 구조를 갖는 지방산과 그 에스테르 화합물을 산화시켜 과산화물을 생성한다. 리폭시게나아제는 두류, 밀, 감자 등에 많이 존재하며, 특히 대두, 강낭콩, 완두콩 등과 같은 두류에 많다. 대두 가공식품 특유의 콩 비린내 생성에 관여한다. 즉, 생 대두에 물을 넣고 그대로 마쇄하면 리폭시게나아제의 작용에 의해 상한 불쾌치가 생성된다. 그러나 이 효소는 가열하면 불활성화되므로 대두를 끓는 물에서 마쇄하면 불쾌취가 생성되지 않는다. 리폭시게나아제가 작용하면 불쾌취가 생성될 뿐 아니라 지용성 비타민과 카로틴, 엽록소, 안토시아닌 등의 색소도 파괴되므로 데치기 등과 같은 열처리를 하여 이 효소를 불활성화시켜야 한다.

한편, 밀가루의 제빵성 개선을 위해 리폭시게나아제가 이용되기도 한다. 즉, 밀가루에 생대두가루를 혼합하면 리폭시게나아제가 밀가루의 카로티노이드 색소를 산화시켜 표백효과를 내고, 밀가루 반죽 내의 -SH를 산화시켜 -S-S 결합 형성을 촉진함으로써 제빵성을 향상시킨다.

Practice 연습문제

01 산화환원효소의 종류에 대해 알아봅시다.

02 펙티나아제 종류에 대해 알아봅시다.

03 아밀라아제의 종류와 특징에 대해 알아봅시다.

04 리폭시게나아제가 존재하는 식품에 대해 알아봅시다.

05 밀가루의 제빵성을 향상시키는 기전에 대해 알아봅시다.

REFERENCES

국내문헌

강신주, 식품학, 형설출판사, 1987.
강우원 외 2인, 식품재료학, 보문각, 2007.
강인수 외 4인, 현대 식품화학, 지구문화사, 1997.
구난숙 외 3인, 식품관능검사, 교문사, 2006.
김갑순 외, 기초영양학, 2006.
김관우 외 4인, 식품화학, 광문각, 2003.
김동연 외 5인, 농산가공학, 영지문화사, 1993.
김동훈, 식품화학, 탐구당, 1999.
김미경 외, 생활 속의 영양학, 라이프사이언스, 2005.
김상순, 최신 식품화학, 수학사, 1994.
김상순 외 2인, 식품가공저장학, 수학사, 1996.
김성렬 외 2인, 식품화학특론, 유한문화사, 1985.
김숙희 · 김이수, 조리영양학, 대왕사, 2006.
김영수, 식품화학, 수학사, 1993.
김완수 외 3인, 조리과학 및 원리, 라이프사이언스, 2005.
김우성 · 구경형, 식품관능검사법, 도서출판 효일, 2001.
김혜미 · 홍정옥, 최신 영양학, 백산출판사, 2008.
김혜영 외 2인, 식품품질평가, 도서출판효일, 2004.
남궁석, 도해 식품학, 광문각, 2002.
남궁석 외 4인, 기초식품학, 광문각, 2006.
노완섭 · 허석현, 건강보조식품과 기능성식품, 효일문화사, 2000.
민경찬 외 4인, 기초영양학, 광문각, 2011.
박태선 · 김은경, 현대인의 생활영양, 교문사, 2004.
서광희 외 6인, 알기쉬운 영양학, 도서출판 효일, 2011.
성삼경 외 5인, 축산식품학, 선진문화사, 1990.
송재철, 식품재료학, 교문사, 2000.
송재철 · 박현정, 최신 식품가공저장학, 효일문화사, 1998.
송태희 외 5인, 식품화학, 도서출판 효일, 2003.

신말식 외, 식품과 조리과학, 라이프사이언스, 2001.
신효선 · 이서래, 최신 식품화학, 신광출판사, 1992.
심창환 외 3인, 최신 식품학, 도서출판 효일, 2003.
안병수, 과자, 내 아이를 해치는 달콤한 유혹, 국일미디어, 2005.
안승요 외, 식품화학(개정판), 교문사, 2005.
우원식, 천연물화학 연구법, 서울대학교출판부, 1993.
유태종 · 홍문화, 식품사전, 생활한방연구소, 1991.
윤광로 외 2인, 현대인의 식품, 중앙대학교출판부, 1995.
윤석권 외 4인, 식품화학, 수학사, 2002.
이건순, 웰빙 식생활과 건강, 라이프사이언스, 2005.
이경영 · 김소영, 다이어트 영양학, 대한미디어, 2008.
이규한, 식품화학, 형설출판사, 1998.
이상선 외 8인, 영양과학, 지구문화사, 2008.
이서래 · 신효선, 최신 식품화학, 신광출판사, 1998.
이성기, 계란과 닭고기의 과학, 유한문화사, 1992.
이장순 외 2인, 식품학, 도서출판 효일, 2003.
이정실 외 5인, 조리영양학, 백산출판사, 2010.
이철호 외 4인, 식품평가 및 품질관리론, 유림문화사, 1999.
이혜수 외, 조리과학, 교문사, 2001.
장상문, 식품재료학, 광문각, 2005.
장유경 외, 기초영양학, 교문사, 2010.
장정옥 외 6인, 21세기 영양과 건강, 보문각, 2009.
장준홍, 휴면영양학, 네이존, 2011.
장학길 외 4인, 식품재료학, 신광출판사, 2000.
장현기 외, 식품화학, 진로연구사, 1997.
장현기 · 남궁석, 식품학개론, 유림문화사, 2004.
정동효 외 5인, 식품의 맛과 과학, 동화기술, 2003.
정동효, 식품의 생리활성, 선진문화사, 1998.
조신호 외 4인, 식품학, 교문사, 2006.
조재선, 식품재료학, 문우당, 2000.
주왕기 외 3인, 건강학, 라이프사이언스, 2004.
천연물화학연구회, 천연물화학, 영림사, 2000.
최혜미, 21세기 식생활관리, 교문사, 2007.
———, 21세기 영양과 건강이야기, 라이프사이언스, 2006.

최혜미 외, 21세기 영양학(개정판), 교문사, 2006.
최홍식 · 여경목, 식품 품질관리학, 신광출판사, 2000.
한국식품과학회, 식품과학용어집(증보판), 대광서림, 2003.
한국영양학회, 한국인 영양섭취기준 개정판, 2010.
__________, 한국인 영양섭취기준, 2005.
__________, 한국인 영양권장량, 제7차 개정, 중앙진수문화사, 2000.
한국조리과학회, 조리과학용어사전, 교문사, 2003.
한명규, 식품화학, 형설출판사, 2003.
_____, 식품재료학, 신정, 2004.
허채옥 외 9인, 기초영양학, 수학사, 2008.
현영희 외 3인, 식품재료학, 형설출판사, 2005.
홍태희 외 5인, 현대식품재료학, 지구문화사, 2000.
황재희 · 박정은, 식품재료학, 도서출판 효일, 2005.
KBS 〈생로병사의 비밀〉 제작팀, 생로병사의 비밀, 가치창조, 2005.
__________________________, 생로병사의 비밀2, 가치창조, 2005.
__________________________, 생로병사의 비밀3, 가치창조, 2006.

외국문헌

Brown, A., Understanding Food-Principles and Preparation, Wadworth, 2000.
Brown, J., Food Theory and Applications, 2nd. ed., Macmillan, 1992.
Charley, H., Food Science, John Wiley & Sons, 1990.
De Man, Principles of Food Chemistry, AVI, 1976.
D. W. Martin Jr., Harper's review of biochemistry, Lange Medical Pub., 1983.
Fennema O. R., Food chemistry, 2nd., Marcel Dekker, 2000.
Lehninger A. T., Principles of biochemistry, 3rd., Worth Pub., 1998.
Meat Science, 2nd. Ed., Kendall Hunt Publishing Co., 1975.
Marks, J. A., Guide to the Vitamins-Their Role in Health and Disease, MTP, Co., LTD. 1984.
Parker, R., Introduction to Food Science, Delmar, 2003.
Potter, N. N., Hotchkis, J. H., Food Science, Chapman & Hall, 1995.
Pyke M., Food Science and technology, 2nd., John Murray, 1988.
Smith, K. T., Trace Minerals in Foods, Marcel Dekker Inc. 1988.
Tressler D. K., Basic food chemistry, AVI, 1985.
William L. S., Nutrition, McGraw-Hill, 1983.

Profile

김나영

현) 송호대학교 호텔외식조리과 교수
경희대학교 대학원 이학박사
경희대학교 대학원 이학석사

안성규

현) 서정대학교 호텔외식조리과 교수
중앙대학교 식품공학과 박사수료
중앙대학교 의약식품학과 이학석사
(사)세계음식문화원/한국푸드코디네이터협회 사무부총장
위생사

이시은

현) 강동대학교 호텔조리제빵과 교수
중앙대학교 일반대학원 식품영양학과 이학박사
조리기능사(한식, 양식, 일식, 중식), 조리산업기사, 제과제빵기능사 실기 감독위원
충주시 향토음식위원회 자문위원, 향토음식경연대회 심사위원장
한국전통음식 맛체험박람회 향토음식부문 식품의약품안전처장상

이준열

현) 서정대학교 호텔외식조리과 교수
경희대학교 대학원 조리외식경영학 박사
대한민국 제과1호명인, 제과기능장, Maestro 제과명장
대한민국 제과명장 심사위원
한국산업인력공단 기능장 심사위원
한국전통음식 맛체험박람회 향토음식부문 식품의약품안전처장상